달콤한 생명과학

상상초월
석학강연
03

달콤한 생명과학

조진원 지음 | 정재승 기획

해나무

머리말

생물도 과학이다

조진원 연세대학교 시스템생물학과 교수

고등학교 2학년 때까지 저는 생물학자가 될 것이라고는 꿈에도 생각지 않았습니다. 제게 생물학은 그저 암기를 해야 성적을 잘 받을 수 있는 귀찮은 과목이었습니다. 그 당시 생물은 저에겐 결코 과학이 아니었습니다. 고등학교 2학년 여름 방학 때 우연히 읽게 된 제임스 왓슨의 『이중나선』이란 책은 생물도 과학인가라는 생각을 하도록 만들었습니다. 고등학교 3학년이 되어 만나게 된 생물 선생님은 생물을 과학답게 가르쳐주셨습니다. 선생님의 첫 번째 말씀을 지금도 잊지 않고 있습니다. "생물도 과학이다." 그 말씀은 복음이었습니다. 그 말씀 이후에 선생님께서는 생물을 정말 과학답게 가르쳐주셨습니다. 원리를 가르쳐주시니 암기할 것이 많이 줄어들었습니다. 많은 노력을 기울이지 않아도 머리에 차곡차곡 정리가 되었습니다.

이처럼 생물은 암기과목이 아닙니다. 아마 아직도 많은 생물 선생님들은 과학적 원리나 근거를 제시하기보다는 암기과목으로 생물을 가르치는 것 같습니다. 저는 대학교 1학년 학생들에게 일반생물학을 강의하고 있는데, 생명과학을 전공하기 위해 입학한 학생들을 포함해서 대다수의 수강생들이 기대에 찬 마음으로 수강 신청을 한 것이 아니라 필수과목이기 때문에 할 수 없이 수강한다는 표정으로, 마치 도살장에 끌려들어가는 소처럼 슬픈 눈빛을 하고 강의실에 앉아 있는 것을 종종 봅니다. 저 역시 학생들에게 제가 믿는 그 복음의 말, 즉 "생물도 과학이다"란 말을 가장 먼저하고 강의를 시작합니다. 그리고 그 말에 책임지기 위해 우선 생명현상이 일어나는 이유와 원리를 설명해줍니다.

모든 학문이 그렇듯이 최소한의 암기는 필요합니다. 새로 나오는 용어는 우선 암기해야겠지요. 하지만 여러분이 친구를 사귈 때 친구 이름과 특성을 일일이 노트에 적어가며 암기하지 않는 것처럼 생물학에 나오는 어려운 용어들도 사랑하는 마음과 흥미로운 관심으로 받아들인다면 애써 암기하지 않아도 될 것입니다. 설령 쉽게 암기하지 못하면 또 어떻습니까? 관심과 흥미를 갖고 생물을 공부한다면 처음에 어렵게 느꼈던 용어들이 어느 순간 친한 친구처럼 여러분 머릿속에 담겨 있게 될 것입니다.

저는 이 책에서 단백질과 관련된 원리와 과학적 근거를 제시하였습니다. 세포의 여러 소기관에 대해 나름대로 알기 쉽게 설명하였고, 마지막 부분에서는 21세기 생물학의 마지막 프런티어라고 여겨지는 당생물학에 대해 설명하였습니다.

단백질은 대부분 여러 분자가 결합되어 제대로 된 구조로 변신했을 때에야 비로소 제 기능을 수행합니다. 당이나 탄수화물, 인산기가 붙어서 구조가 변하게 되면, 그렇게 변화된 구조에 의해 단백질이 제 기능을 수행하게 되는 것입니다. 단백질의 구조와 기능을 연구하는 것은 왜 중요한 것일까요? 생명현상을 조절하는 중요한 단백질들을 유전공학적 방법으로 만들 수 있더라도 단백질이 생체 내에서 다른 분자들과 어떻게 결합하느냐, 어떤 구조를 가지느냐에 따라 단백질이 제 기능을 할 수도 있고 그렇지 않을 수도 있습니다. 그래서 다양한 질병에 대응하기 위해서는 단백질의 구조와 관련된 원리를 규명하는 것이 매우 중요합니다. 특히 단백질에 붙어 있는 탄수화물의 기능을 연구하는 당생물학과 탄수화물의 구조와 기능을 밝히는 글라이코믹스는 당뇨병과 암 전이를 이해하는 데 필수적인 연구로 여겨지고 있습니다.

저에겐 작은 소망이 있습니다. 이 책이 생물공포증에 시달리는 학생들과 생물학을 알고 싶어하는 독자들에게 "생물도 과학이다"란 복음을 믿게 하고, 생명과학에 좀 더 친숙하게 다가가게 하는 계기가 되었으면 하는 것입니다. 생물학은 달콤합니다. 여러분들도 달콤한 생명과학을 맛보길 바랍니다.

기획의 말

과학하는 삶으로의 초대

정재승 KAIST(카이스트) 바이오및뇌공학과 교수

"이 시리즈의 취지는 학문의 최전선에 선
최고의 석학들을 모시고, 학생들이 알아야 할
과학의 정수를 맛보게 하는 것입니다."

상상초월 석학강연에 오신 여러분을 진심으로 환영합니다. 이 시리즈는 과학의 최전선에 선 석학들이 이제 갓 세상에 관심을 갖게 된 중고등학생들에게 했던 1년간의 뜨거운 과학 강연을 책으로 묶은 야심작입니다.

요즘은 과학 강연이 서서히 하나의 문화로 자리 잡게 되었지만, 4년 전 이 책을 기획할 때만 해도 '강연을 통한 과학 만나기'는 학생들에게 낯선 경험이었습니다. 특히 학교가 아닌 곳에서 입시와 상관없는 주제로 세계적인 석학들의 강연을 듣는다는 것은 더욱 생경한 경험이었지요. 하지만 그들이 이 강연을 얼마나 즐겼는지 아세요? 그 현장의 감동이 이 시리즈 안에 고스란히 담겨 있습니다.

이 시리즈를 기획하게 된 건 순전히 제 개인적인 경험에서 비롯되었습니다. 저는 고등학교 때 과학자의 강연을 꽤나 많이 찾아다녔습니다. 대학 캠퍼스에서 벌어지는 흥미로운 세미나는 제게 입시에 관한 생각에서 벗어나게 해주는 일종의 탈출구였습니다. 학교에서 배우는 과학은 따분하고 지루했지만, 과학자들이 현재 실험실에서 진행하고 있는 연구, 그리고 그것을 통해 우리가 알게 된 우주와 자연과 생명에 대한 지식은 그 자체로 경이로움이었습니다.

무엇보다, 학교에서 친구들과 함께 들어야 하는 수업이 아니라, 스스로 강연 정보를 알아내 자발적으로 찾아와 듣는 강연의 한복판에 제가 앉아 있다는 사실이 저 스스로를 매우 특별한 사람으로 인식하게 하는 계기가 되었습니다. 저를 과학자로, 아니 세상에 대한 호기심이 가득한 어른으로 성장하게 만든 건, 8할이 과학 강연과 과학 책이었습니다.

그래서 최고의 석학들을 모시고 중고등학교 교실이 다 담아내지 못한 과학의 매력과 학문의 본질을 지금의 청소년들과 나눠보고 싶었습니다.

이 시리즈를 기획하면서 저는 학문의 최전선에 선 과학자들에게 직접 물어보고 싶은 게 있었습니다. “사춘기를 관통하며 자신을 둘러싼 세상과 스스로에 대해 호기심을 갖게 된 학생들에게 가르쳐주어야 할 가장 중요한 과학 개념은 무엇입니까?”, 그리고 “물리학, 화학, 생물학, 수학에서 가장 중요한 단 하나의 개념을 꼽으라면 무엇을 선택하겠습니까?” 하고 말입니다.

이 시리즈는 바로 그 질문에 대한 석학들의 뜨겁고 열정적인 답변서입니다. 이 답장에는 그들이 평생을 거쳐 찾아낸 그 해답과 그것을 추적해온 그들의 학문적인 궤적, 그리고 그것들과 함께 해온 그들의 삶이 그대로 녹아 있습니다.

독자들은 이 시리즈에서 그들을 실험실에서 밤늦게까지 씨름하게 했던 하나의 질문, 책상 앞에서 고뇌하게 만들었던, 그 숙제 같은 자연의 신비가 무엇이었는지 알게 될 겁니다. 그리고 그것의 작은 일부를 겨우 알아냈을 때 그들이 맛보았을 희열도 말입니다.

이 책은 분주한 세포 속으로 우리를 인도합니다. 세포 속에서 가장 바쁘게 일하는 물질은 단백질입니다. 이 책은 단백질이 제대로 된 기능을 발휘하려면 단백질의 구조가 변해야 한다는 점을 여러 번 강조하고 있습니다. 구조가 변해야 한다니, 어떤 과정인지 정말 궁금하지 않나요? 저는 여러분이 상상으로나마

단백질이 되어보거나, 단백질에 달라붙는 탄수화물이 되어보거나 해서 세포 주위를 둘러보는 것도 좋다고 생각합니다. 단백질이 어떻게 변신하는지를 상상해보는 것만으로도 여러분에게 남다른 재미를 던져줄 것입니다.

과학은 어렵고 쉽게 이해되지 않지만, 과학자들이 밝혀낸 우주와 자연과 생명과 의식, 그리고 숫자는 그 자체로 경이로움이며 우리 모두가 만끽할 수 있는 즐거움입니다. 사춘기 시절 그 경이로움을 공유하는 것은 '평생 자연에 대해 호기심을 갖는 열정적인 어른', '늘 배움에 열려 있는 성숙한 어른'으로 성장하는 데 가장 중요한 경험이 될 것입니다. 여러분의 과학하는 삶이 이 책에서 비로소 출발했으면 합니다.

이 기획에 흔쾌히 참여해 귀중한 시간을 내주신 교수님들과 책이 나오기까지 애쓴 해나무 편집부에 진심으로 감사의 말씀을 올립니다.

차례

머리말 004
기획의 말 008

1부 단백질 변신의 중요성 014

세포의 작은 기계, 단백질 ◦ 폴리펩타이드와 아미노산 그리고 중합체 ◦ 단백질의 독특한 구조와 기능 ◦ 원자들의 결합과 분자 간 상호작용 ◦ 물(친수성)과 기름(소수성)의 차이 ◦ 단백질 구조의 4단계 ◦ 단백질의 변신

2부 세포로의 여행 068

세포를 들여다보는 현미경 ◦ 세포 속으로 ◦ 동물세포와 식물세포 (세포막 / 세포의 핵 / 리보솜 / 내막계 세포소기관과 비내막계 세포소기관)

3부 당생물학과 글라이코믹스 114

달콤하고 끈적끈적한 당 ○ 질병과 당생물학 ○ ABO 혈액형과 당생물학 ○ 암세포와 당화 ○ 당화가 중요한 이유 ○ *O*-글루넥 연구 ○ *O*-글루넥 전이효소 ○ *O*-글루넥 당단백체 ○ *O*-글루넥 수식화 연구의 응용

4부 생물학자와 함께하는 상상초월 토크 콘서트 164

대담자:

조진원
연세대학교
시스템생물학과 교수

정재승
카이스트
바이오및뇌공학과 교수

조진원

연세대학교 시스템생물학과

단백질 변신의 중요성 1부

2부 세포로의 여행

당생물학과 글라이코믹스 3부

4부 생물학자와 함께하는 상상초월 토크 콘서트

생명현상을 이해하려고 할 때 단백질을 빼놓을 수 없다. 단백질은 원래의 구조에서 다른 모습으로 변해야만 기능을 수행하는 것이 많다. 세포 내에서 중요한 기능을 담당하는 단백질이 어떻게 구조를 잡고 기능을 수행하는지, 왜 단백질의 수식화가 중요한지, 그리고 수명을 다한 단백질의 운명은 어떻게 되는지를 살펴봄으로써 거대분자인 단백질에 관한 이해를 돕고자 한다. 화학결합에 관한 기초부터 아미노산 분류, 펩타이드 결합, 단백질의 구조, 단백질의 수식화 등을 다루게 될 것이다.

1부

단백질 변신의 중요성

단백질은 변신을 해야 기능을 제대로 수행합니다. 이것은 도대체 무슨 뜻일까요?

아침이 되면 학생들은 교복을 입고 책가방을 둘러메고 등교해 학생으로서 하루를 보냅니다. 공장 근로자들 역시 공장에 도착하면 작업복으로 갈아입고 필요한 도구를 손에 쥐고 일을 하기 시작합니다. 군인들은 전쟁이 일어나면 단단하게 무장한 채 전투에 참여합니다. 학생, 공장 근로자, 군인들 모두 같은 인간이지만 각자 할 일이 따로 있습니다. 학생들은 예외일 수도 있겠

단백질의 변신 아침 자명종이 울려 하루를 알리는 신호가 오면 학생은 교복으로, 기술공은 작업복으로, 요리사는 앞치마로 옷을 갈아입고 할 일을 하러 간다. 세포 안의 여러 생명현상은 효소를 비롯한 여러 종류의 단백질에 의해 일어난다. 환경 변화에 따른 신호에 의해 새로운 단백질이 만들어지기도 하지만, 대부분의 경우 단백질은 이미 만들어져서 세포 안에 존재하고 신호가 오면 이미 만들어져 있는 단백질에 그것의 구조가 바뀌는 분자(예를 들어, 인산)가 붙어 일을 하고 있지 않던 단백질이 일을 하게 되는 것이다. 이는 마치 사람들(이미 만들어져 있는 단백질)이 알람(신호)에 의해 깨어나서 각자의 일터로 옷(인산과 같은 분자)을 입고 일터로 가는 것과 같다. 그리고 임무를 마친 후에 옷을 벗고(예를 들어, 탈인산화효소) 다시 잠자리로 돌아가게 된다.

지만, 대개 일과를 마치면 편안하게 쉬기도 하고 잠을 자기도 합니다. 마치 지구 상에 수많은 인간이 존재하는 것처럼 세포 안에는 수많은 단백질이 존재합니다. 그리고 모든 인간들이 쉬지 않고 일만 하는 것이 아니듯 세포 내의 모든 단백질들 역시 전부 일을 하는 것은 아닙니다. 신호가 왔을 때 그 신호에 반응하여 단백질들은 자신이 담당하는 일을 하게 됩니다.

그럼 일을 하는 단백질과 일을 하지 않는 단백질들은 어떻게 다를까요? 학생들이 교복을 입고 책가방을 둘러메는 것처럼, 공장 근로자가 작업복으로 갈아입고 작업 도구를 손에 쥐는 것처럼, 군인들이 무장을 하는 것처럼, 일을 수행하는 단백질들은 신호에 의해 특정한 변화를 겪은 후 일을 할 수 있는 구조로 변신합니다. 즉, 대부분의 단백질은 그 자체로는 일을 수행하지 못합니다. 다른 분자가 단백질과 연결되거나 특정 부위가 잘려나가야 일을 수행할 수 있습니다. 마치 펩시노겐pepsinogen이 잘려 펩신pepsin이 돼야 단백질을 가수분해할 수 있는 것처럼 말입니다.

세포의 작은 기계, 단백질

단백질의 변신을 이해하려면 단백질의 기능을 이해해야 합니다. 도대체 단백질은 무엇이고, 어떻게 구성되었으며, 어떠한 기능을 갖고 있는 것일까요?

단백질은 거대분자입니다. 거대분자(혹은 고분자)는 작은 분자들이 모여서 만든 분자를 일컫습니다. 생명체를 구성하고 있는 거대분자로는 무엇이 있을까요? 거대분자로는 탄수화물, 단백질, 핵산, 지질 등이 있는데, 이 네 가지 중에 탄수화물, 단백질, 핵산은 중합체polymer입니다. 거대분자의 한 종류인 중합체는 단위체monomer라고 불리는 분자들로 구성된 긴 분자입니다.

만약 중합체와 단위체라는 말을 처음 듣는다면 어렵게 느껴질 수도 있을 것입니다. 그러나 사실 말만 딱딱할 뿐 어려운 것이 아닙니다. 블록을 비유로 들어보겠습니다.

여기, 눈앞에 네모꼴의 파란 블록만을 이용해서 하나의 입체를 만들었습니다. 이때 네모꼴의 파란 블록이 단위체이고, 네모꼴의 파란 블록들이 모인 입체가 중합체라고 할 수 있습니다. 그러면 인산, 염기, 당으로 구성된 뉴클레오타이드가 아주 길게 연결된 것이 DNA 분자라면, 무엇이 단위체이고 무엇이 중합체일까요? 크게 고민할 필요도 없이, 여기서 단위체는 뉴클레오타이드이고 중합체는 DNA입니다.

단위체로 이루어진 중합체는 하나의 구조를 형성합니다. 우리가 유독 구조를 눈여겨봐야 하는 이유는 이 구조가 각각의 기능을 결정해서입니다. 이 부분이 아주 중요합니다. 구조가 각각의 기능을 결정합니다. 이것은 너무나도 중요한 것이라 여러 번 반복해도 지나치지 않습니다.

중합체는 어떻게 합성되고 분해되는 것일까요? 그러니까 중합체는 어떻게 만들어지고 쪼개지는 것일까요? 결론부터 말하자면 탈수반응(축합반응)에 의해서 단위체들이 모여 거대분자를 이룹니다. 탈수반응은 분자들 사이에 물 분자가 빠져나오고 분자와 분자 사이에 결합이 생기는 반응을 뜻합니다.

단백질의 경우를 볼까요? 단백질의 단위체는 아미노산들인데, 이들 아미노산들이 모여 중합체가 될 때 탈수반응이 일어납니다. 이 탈수반응은 리보솜 내에 존재하는 효소에 의해 촉진됩니다. 분자들이 서로 만날 때 물 분자 하나가 자동적으로 빠져나가는 것이 아닙니다. 물 분자가 빠져나가기 위해선 반드시 효소가 필요합니다. 효소라니, 이것은 또 무엇일까요? 간단하게 언급하자면, 이렇게 생각하면 됩니다. 몸 속 세포의 나라에서는 무엇을 하든 매우 다양한 효소라는 일꾼들이 필요하다고 말입니다. 식물이 태양빛과 이산화탄소를 사용하여 포도당을 만들 때도 효소란 일꾼들이 필요하고 포도당으로부터 세포의 에너지인 ATP를 만들 때도 일꾼들이 필요합니다. 이처럼 효소의 작용에 의해 단위체와 짧은 중합체 사이에 하나의 물 분자가 빠져나가면서 결합될 때 긴 중합체가 만들어집니다.

그러면 탈수반응의 반대가 되는 반응은 무엇일까요? 바로 가수분해입니다. 물 분자 하나가 들어가서 중합체가 각각의 단위체로 잘리는 반응입니다. 즉, 가수분해는 긴 중합체에 하나의 물 분자가 들어가서 결합을 끊는 것을 말합니다. 이 반응에도 가수분해를 촉진시키는 효소가 필요합니다.

짧은 중합체와 연결이 안 된 단위체는 효소의 작용에 의해 하나의 물 분자가 빠져나가면서 연결되어 긴 중합체가 만들어

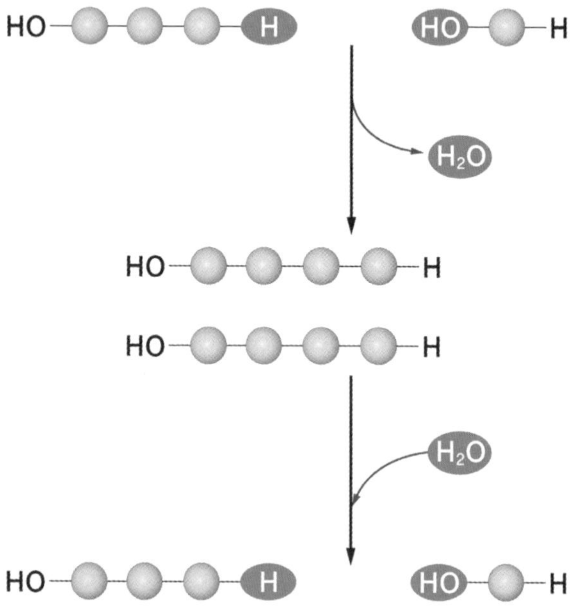

분자와 분자가 결합할 때 분자들 사이에 물 분자가 빠져나오는 반응을 축합반응(탈수반응)이라고 하고(위), 하나의 물 분자가 들어가 긴 중합체를 각각의 단위체로 자르는 반응을 가수분해라고 한다(아래).

지는 것입니다. 탈수반응은 효소에 의해 촉진되고, 이 탈수반응에 의해 단위체들이 결합되어 중합체가 되며, 이런 중합체는 가수분해에 의해 단위체로 쪼개집니다. 이를 일상적으로 일어나는 예를 들어 설명하자면 이렇습니다. 매일 우리는 밥을 먹습니다. 우리가 밥(녹말)을 먹으면 그것은 포도당(단위체)으로 쪼개져 흡수됩니다. 왜 그럴까요? 이는 포도당들의 중합체인 녹말을 아밀라아제라는 효소가 잘라주었기 때문입니다. 우리의 침에는 녹말을 포도당으로 쪼개는 효소인 아밀라아제가 있습니다.

중합체의 종류는 실로 다양합니다. 각 세포들은 수천 개의 고분자를 가지고 있고, 같은 생명체 내에서도 세포 유형에 따라 갖고 있는 고분자가 다양하며, 작은 단위체들로부터 엄청나게 다양한 중합체들이 만들어집니다. 이 장에서 중점적으로 다루게 될 단백질 역시 그렇습니다.

단백질은 대부분의 세포에서 건조 질량의 50% 이상을 차지하고 있을 정도로 세포의 핵심을 차지하고 있으며, 세포 간 신호 교환, 외부 물질에 대한 방어, 구조 지탱, 저장, 수송, 이동 등 세포 내에서 다양한 일을 수행하는 생체 거대분자입니다.

이런 단백질을 이해하기 위한 두 개의 키워드는 바로 '구조'와 '기능'입니다. 단백질은 다양한 구조를 갖고 있으며 그 구조에 따라 많은 기능을 수행합니다. 다른 말로 하면, 단백질이 잘

단위체와 중합체 단위체가 연결되어 중합체를 이룬다. 세포를 구성하는 거대분자들은 단위체가 연결된 중합체로 이루어져 있다. 레고 블록은 단위체이고 연결된 레고는 중합체이다.

못된 구조를 갖고 있으면 기능하지 못한다는 것을 의미합니다.

예컨대, 돌연변이는 핵산(중합체)에 있는 뉴클레오타이드(단위체)가 바뀌는 것을 지칭합니다. 유전물질이 복제되는 과정에서 뉴클레오타이드가 바뀌었을 때 돌연변이가 표현될 수도 있고 표현되지 않을 수도 있습니다.이렇게 뉴클레오타이드가 바뀌어 단백질을 만들 때 전혀 다른 성질의 아미노산이 사용된다면 단백질의 구조가 바뀔 수 있습니다. 그 결과 단백질의 기능이 사라지는 돌연변이를 일으킬 수 있습니다. DNA 염기 서열에서 A가 G로 바뀌거나 C가 T로 바뀌면, 단백질을 만들 때 다른 아미노산이 사용될 수 있어 돌연변이가 나타날 수 있는 겁니다.

단백질은 구조가 제대로 만들어져야 기능을 수행합니다. 그리고, 대부분 단백질 자체만으로는 기능을 수행할 수 없습니다. 그래서 단백질의 변신은 필수적입니다.

폴리펩타이드와 아미노산 그리고 중합체

폴리펩타이드와 단백질의 차이점은 무엇일까요? 20가지의 아미노산으로부터 만들어진 중합체를 폴리펩타이드라고 하는데, 이 폴리펩타이드는 구조가 없고 기능도 없습니다. 그런데 이 폴리펩타이드가 1개 혹은 그 이상이 모여 제대로 구조를 잡아서 고유한 기능을 수행하게 되면 그것을 단백질이라고 부릅니다.

다시 말해 모든 단백질은 1개 혹은 그 이상의 폴리펩타이드로 구성되어 있습니다. 대부분 단백질이 하나의 폴리펩타이드로 구성되어 있다고 알고 있는데 이는 잘못 알고 있는 것입니다. 이에 대해선 뒤에 단백질의 구조를 설명할 때 다시 다루도록 하겠습니다.

그러면 아미노산은 무엇일까요? 아미노산은 카복시기와 아미노기가 존재하는 유기분자(탄소가 포함된 화합물)입니다. 카복시기와 아미노기라는 용어에 어려움을 느낄 필요는 없습니다. 카복시기는 탄소, 산소, 수소로 이루어진 작용기이고, 아미노기는 질소와 수소로 이루어진 작용기입니다. 중요한 것은 카복시

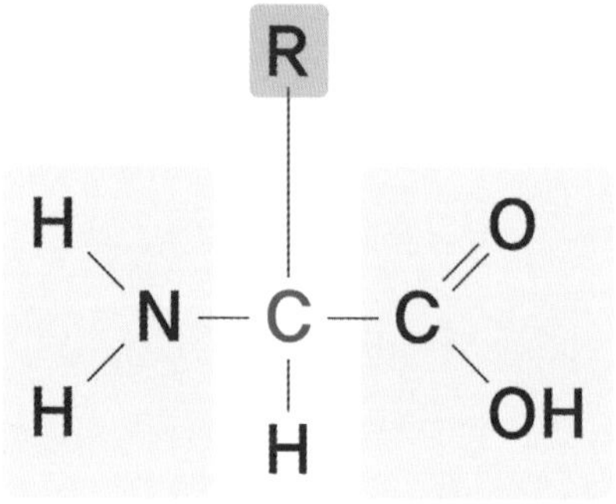

아미노산은 곁가지인 R기에 의해 그 특성이 달라진다. 20개의 아미노산마다 R기가 다르다.

기와 아미노기가 아니라 R기입니다. 아미노산은 R기라고 불리는 곁가지에 의해 그 특성이 달라집니다.

앞의 그림에서 보면, C(탄소)는 4개의 팔을 갖고 있습니다. 각각의 팔에는 R기, 아미노기, 수소, 카복시기가 붙어 있습니다. 우리가 여기서 주목할 곳은 곁가지 R기입니다. 이 R기의 구조가 20개의 아미노산마다 전부 다르기 때문입니다. 즉, 아미노산의 특성을 결정하는 것이 바로 R기의 구조입니다.

20가지의 아미노산의 구조를 모두 외우는 것은 쉽지 않습니다. 이것을 모두 외워야 할까요? 사실 각 아미노산이 왜 그런 구조를 가지고 있는지 그 이유를 알면 암기할 필요가 없습니다.

이들 아미노산은 크게 물을 좋아하는 친수성 아미노산과 물을 싫어하는 소수성 아미노산으로 나뉠 수 있습니다. 그리고 친수성 아미노산 가운데에서 전기를 띠는 것들은 따로 묶을 수 있는데, 전기를 띠는 아미노산은 (+)전기를 띠는 것과 (−)전기를 띠는 것으로 나눌 수 있습니다(여기서는 세포 내 pH인 pH 7.2 중성 수용액에서 주로 존재하는 형태의 아미노산을 기준으로 얘기해보겠습니다). 또 한 가지 언급할 부분은, 무극성 곁가지를 갖고 있는 아미노산은 물을 싫어하고, 극성 곁가지를 갖고 있는 아미노산은 물을 좋아한다는 점입니다.

말 그대로 소수성 아미노산은 물을 싫어하고, 친수성 아미노

무극성 결가지를 가진 소수성 아미노산

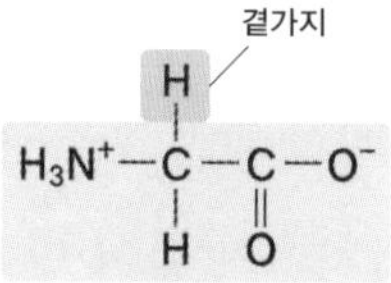

글라이신
(Gly or G)

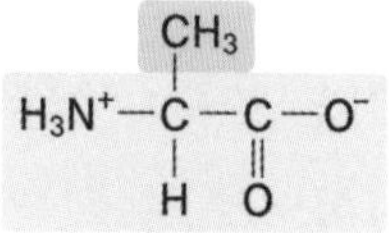

알라닌
(Ala or A)

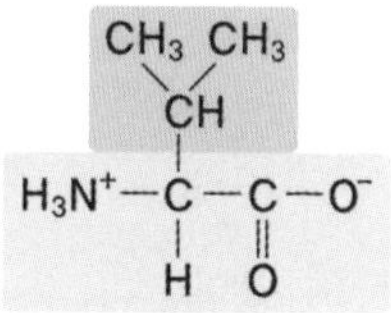

발린
(Val or V)

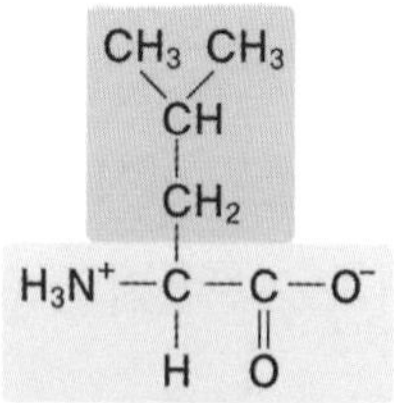

류신
(Leu or L)

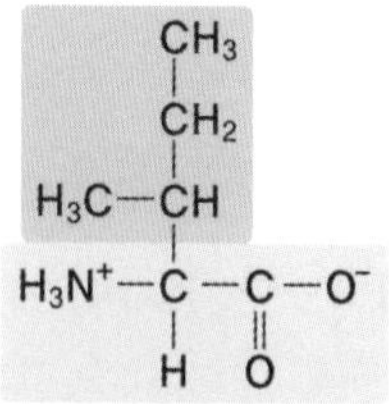

아이소류신
(Ile or I)

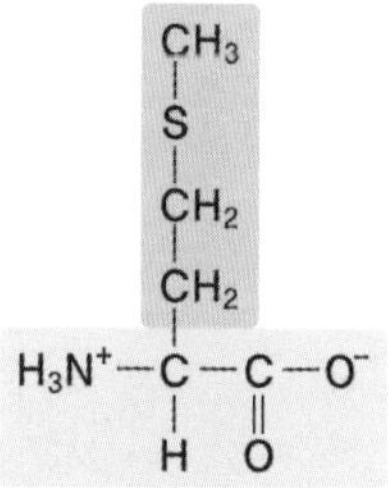

메싸이오닌
(Met or M)

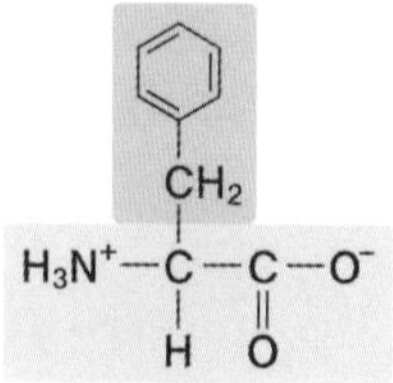

페닐알라닌
(Phe or F)

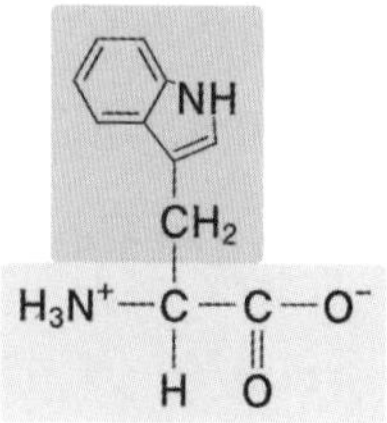

트립토판
(Trp or W)

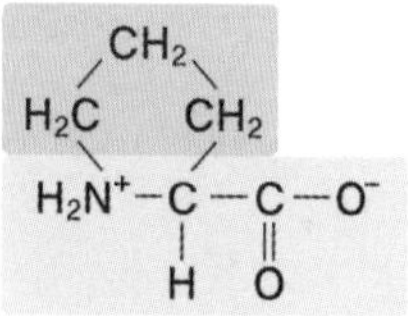

프롤린
(Pro or P)

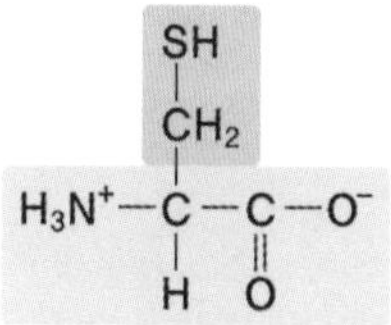

시스테인
(Cys or C)

무극성 결가지를 가진 소수성 아미노산으로는 글라이신, 알라닌, 발린, 류신, 아이소류신, 메싸이오닌, 페닐알라닌, 트립토판, 프롤린, 시스테인이 있다.

산은 물을 좋아합니다. 왜 소수성 아미노산은 물을 싫어하는 것일까요? 아미노산이 물을 좋아하는지, 물을 싫어하는지는 그 아미노산의 R기가 결정합니다. 자세히 말해서 R기의 극성polarity 여부가 좌우합니다. 무극성 곁가지를 가진 아미노산은 모두 소수성 아미노산입니다. 여기서의 '무극성'이란 원자 간 공유결합을 이룰 때 원자들이 동등하게 전자를 공유하고 있어서 전자가 한쪽으로 치우쳐지지 않는 성질을 말합니다. 부분적으로 (-)전기를 띠거나 부분적으로 (+)전기를 띠거나 하지 않습니다. 대표적인 무극성 분자를 얘기하자면 기름이 있습니다. 기름 분자를

극성 곁가지를 가진 친수성 아미노산

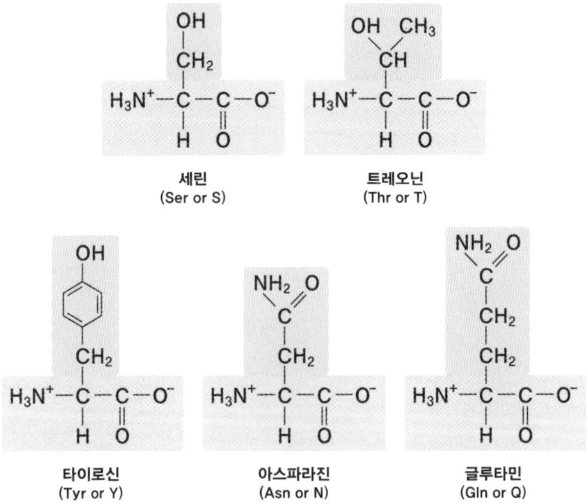

극성 곁가지를 가진 친수성 아미노산으로는 세린, 트레오닌, 타이로신, 아스파라진, 글루타민이 있다.

보면 C(탄소)와 H(수소)로만 이루어져 있습니다. C와 H는 공유 결합을 할 때 공유한 전자를 잡아당기는 힘(전기음성도)이 같아서 기름은 무극성을 띱니다. 이와 달리 물은 극성 분자입니다. 산소와 수소가 전자를 공유하지만, 공유된 전자쌍이 산소 쪽으로 치우쳐 산소는 부분적으로 (−)전기를 띠고 수소는 부분적으로 (+)전기를 띠기 때문입니다.

전기를 띠는 친수성 아미노산

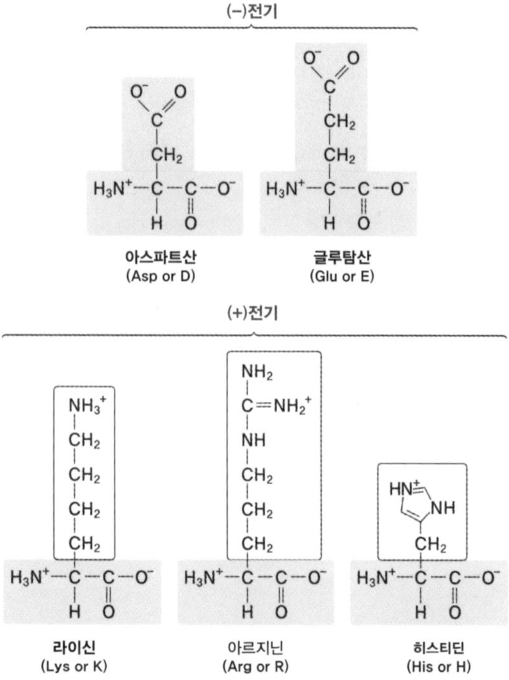

전기를 띠는 아미노산은 (−)전기를 띠는 것과 (+)전기를 띠는 것으로 나눌 수 있는데, (−)전기를 띠는 것으로는 아스파트산, 글루탐산이 있고, (+)전기를 띠는 것으로는 라이신, 아르지닌, 히스티딘이 있다.

R기가 물과 마찬가지로 극성이면 물 분자들이 R기를 에워싸면서 상호작용이 이루어지는데, 이처럼 극성 곁가지를 가진 아미노산이 친수성 아미노산입니다. R기가 무극성이면 물 분자들과 멀어지고 상호작용이 이루어지지 않는데, 이러한 R를 가진 아미노산이 소수성 아미노산입니다.

소수성 아미노산 가운데 프롤린proline을 한번 살펴볼까요? 프롤린은 독특한 구조를 갖고 있습니다. 특이하게도 이 아미노산은 다른 아미노산과 달리 곁가지가 아미노기와 공유결합을 합니다. 이로 인해 프롤린proline 아미노산이 단백질 사슬에 포함되면 단백질 구조가 꺾이게 됩니다(이는 뒤에서 단백질 구조의 4단계를 다룰 때 다시 언급할 예정입니다).

시스테인cysteine이라는 아미노산은 친수성 아미노산으로 많이들 착각하는 아미노산인데, 이 아미노산은 소수성입니다. 즉, 곁가지가 무극성을 띱니다. 흔히들 산소의 역할을 황S이 대신하도록 하는 실험이 많아서, 산소와 황이 같은 힘으로 전자를 잡아당기는 것으로 착각하는데 절대로 그렇지 않습니다. 황S의 전기음성도는 탄소와 같습니다. 참고로, 단백질에 존재하는 시스테인과 또 다른 시스테인 곁가지는 산화되어 결합합니다. 이를 이황화결합이라고 합니다. 황 원소 간의 결합인 이황화결합은 단백질이 구조를 잡는 데 필요한 공유결합 중 하나입니다.

소수성과 친수성 소수성 아미노산은 물과 친하지 않고 친수성 아미노산은 물과 친하다. 노란 수영 모자를 쓰고 빨간 구명조끼를 입은 사람들은 수영장에 들어갈 수 있지만 그렇지 않은 사람들은 수영장에 들어가지 못한다. 왜냐면 노란 수영모자와 빨간 구명조끼는 물과 친하게 지낼 수 있는 친수성 성질을 갖고 있기 때문이다.

그러면 무극성 곁가지를 가진 소수성 아미노산은 왜 존재하는 것일까요? 세포막을 예로 들어보겠습니다. 세포막의 양쪽 끝은 친수성이고, 가운데는 소수성입니다. 소수성 아미노산은 소수성 환경일 때, 친수성 아미노산은 친수성 환경일 때 안정적으로 존재할 수 있습니다. 그러면 양쪽 성질을 다 지닌 세포막을 관통하려면 어떻게 해야 할까요? 세포막의 소수성 지역을 관통하기 위해서 폴리펩타이드를 구성하는 아미노산은 소수성이어야 합니다.

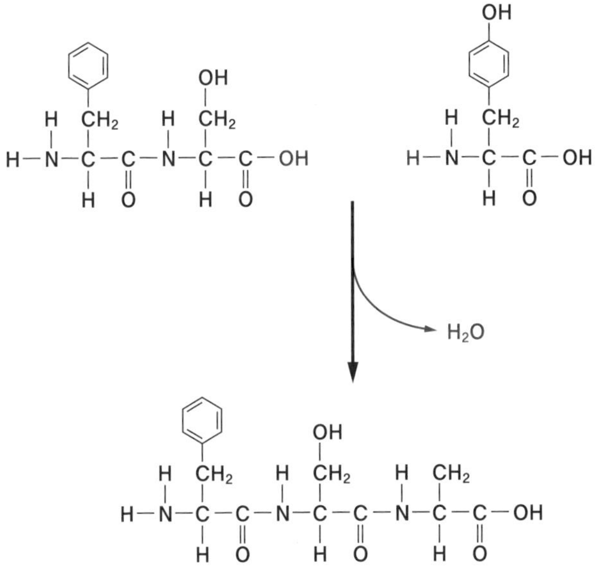

새로운 펩타이드 결합은 축합반응에 의해 이루어진다. 한쪽의 카복시기의 –OH와 다른 한쪽의 아미노기의 –H가 물 분자로 빠지면서 펩타이드 결합이 이루어지는 것이다.

만약 무극성 곁가지를 가진 소수성 아미노산이 없었다면 폴리펩타이드가 세포막을 관통하기 어려웠을 것입니다.

친수성 아미노산의 곁가지는 공유결합에 참여한 원자 사이의 전자 분포가 고르지 못해 극성을 띠고 있습니다. 물의 경우, O와 H는 전자쌍을 나눠 갖는 힘이 다릅니다. 산소와 수소를 놓고 보면, 산소의 전기음성도가 훨씬 크기 때문에, 산소 쪽으로 전자쌍이 치우쳐서 산소 쪽이 부분적으로 (–)전기, 수소 쪽이 부분적으로 (+)전기를 띱니다. C와 O가 공유결합을 하게 되면, O의 전기음성도가 더 크기 때문에 산소 쪽이 부분적으로 (–)전기, 탄소 쪽이 부분적으로 (+)전기를 띱니다.

앞서 언급했듯이, 친수성 아미노산 중에는 전기적으로 중성을 띠면서 극성 곁가지를 갖는 아미노산 말고도, 중성 수용액(pH 7.2)에서 전기를 띠는 친수성 아미노산이 있습니다. 이들 아미노산은 곁가지에 (–)이온이나 (+)이온이 존재하기 때문에 더 이상 중성이 아닙니다. (–)전기를 띠고 있는 것들은 산성이고, (+)전기를 띠고 있는 것들은 염기성입니다. 또 전기를 띠고 있기 때문에 이온결합을 합니다. 이온결합은 단백질의 3차 구조를 잡는 데 매우 중요합니다.

당생물학과 관련이 있는 아미노산은 친수성 아미노산인 아스파라진asparagine, 세린serine, 트레오닌threonine입니다.

지금까지 20가지의 아미노산을 분류해보았습니다. 중요한 것은 거의 대부분의 단백질이 그 자체만으로는 기능을 수행하지 못한다는 점입니다. 단백질 자체만으로 기능을 수행하는 것도 있기는 하지만, 우리 몸속에 있는 거의 대부분의 단백질들 가운데 그 자체로 기능을 수행하는 것은 찾아보기 힘듭니다.

아미노산은 펩타이드 결합에 의해 연결됩니다. 폴리펩타이드는 아미노산의 중합체입니다. 폴리펩타이드는 몇 개의 아미노산에서부터 수천 개의 아미노산들이 쭉 연결되어 있습니다. 각 폴리펩타이드는 아미노산의 특별한 배열로 구성되어 있는데, 이런 아미노산의 특별한 배열은 유전정보로부터 온 것입니다. 그러면 펩타이드 결합은 어떻게 형성되는 것일까요? 앞서 잠깐 언급한 것처럼 물이 빠져나가는 축합반응에 의해 새로운 펩타이드 결합이 이루어집니다. 이 과정을 자세히 보면, 한쪽의 카복시기의 −OH와 다른 한쪽의 아미노기의 −H가 물 분자로 빠지면서 펩타이드 결합이 이루어지는 것을 볼 수 있습니다. 이렇게 펩타이드 결합으로 이루어진 중합체의 왼쪽을 N−말단(아미노 끝), 오른쪽을 C−말단(카복시 끝)이라고 합니다. 이때 주목할 곳은 골격 부분(펩타이드 결합 부분)이 아니라 곁가지 부분입니다. 곁가지가 모든 것을 결정하기 때문입니다.

단백질의 독특한 구조와 기능

아미노산의 배열은 단백질의 구조를 결정하고, 결정된 단백질의 구조는 단백질의 기능을 결정합니다. 지금까지 계속 강조하고 있는 것은 단백질의 구조와 기능입니다. 무엇보다 각 단백질이 그들만의 독특한 구조와 기능을 갖는다는 것을 기억할 필요가 있습니다.

예를 들어보겠습니다. 아래의 그림에서 A는 항체 단백질이고, B는 항원 단백질입니다. 그림을 보면, 항체 단백질이 항원

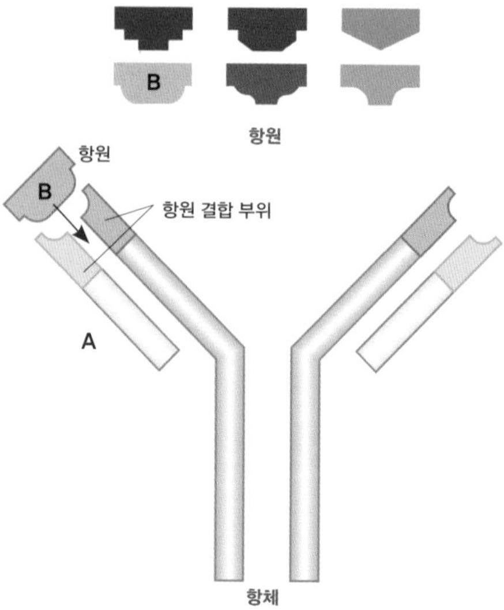

항체와 항원. 만약 몸속에 독감 바이러스 단백질의 일부분을 인식하는 항체 단백질이 있다면 독감 바이러스가 침입했을 때 우리 몸은 독감에 대응할 수 있다.

단백질의 일부분을 인식하고 있는 것이 보입니다. 이런 식으로 단백질의 구조를 알면 특정 질병을 치료하는 신약 개발에 도움이 될 수 있을 겁니다.

원자들의 결합과 분자 간 상호작용

화학결합에는 극성공유결합과 비극성공유결합이 있습니다. 여기서 공유결합은 전자를 공유해서 화학결합을 이루는 것을 말합니다. 극성공유결합은 불평등하게 전자를 공유하는 반면, 비극성공유결합은 평등하게 전자를 공유합니다. 비극성공유결합은 극성을 띠지 않기 때문에 소수성을 나타냅니다. 그러니까 물을 좋아하지 않습니다.

이런 공유결합 외에 비공유결합이 있는데, 이런 비공유결합에는 네 가지가 있습니다. 수소결합, 이온결합, 반데르발스힘, 소수성 효과가 그것입니다. 이들 비공유결합은 단백질의 구조와도 관련될 뿐 아니라, 매우 중요한 결합이므로 기억해둘 필요가 있습니다. 가령, 소수성 효과는 세포막이나 막 구조의 기능에 대해 이야기할 때에 빠지지 않고 언급될 정도로 매우 중요한 비공유결합입니다.

각각에 대해 잠깐 설명을 해보겠습니다. 극성공유결합에서 전자들은 불평등하게 공유됩니다. 아까도 설명했지만, 전기음성도는 한마디로 말해 공유결합을 할 때 원자가 전자를 끌어당기는 힘입니다.

O = 3.5

N = 3.0

S, C = 2.5

P, H = 2.1

원자가 지닌 전기음성도를 보면, O와 N은 힘이 세고, C, S, P, H는 상대적으로 힘이 약합니다. 그래서 만약 O와 H가 공유결합을 했다면 극성공유결합이 되는 것이고, C와 H가 공유결합을 했다면 (전자를 비슷하게 나눠 가지므로) 비극성공유결합이 되는 것입니다.

물(친수성)과 기름(소수성)의 차이

물과 기름은 둘 다 액체이지만 물성은 완벽하게 다릅니다.

둘은 섞일 수 없습니다. 또 소금은 물에는 녹지만 기름에는 녹지 않습니다. 왜 그럴까요?

물 분자 안의 산소는 (−)전기를 띠고 수소는 (+)전기를 띠는 것처럼 극성을 가지고 있습니다. 이런 분자를 쌍극자dipole라고 하는데, 여기서 쌍극자란 하나의 분자 안에서 한쪽은 (+)전기를 띠고 다른 한쪽은 (−)전기를 띠는 분자를 말합니다.

포화지방산염인 팔미테이트palmitate의 기다란 탄화수소 사슬은 물과 달리 탄소C와 수소H가 동등한 힘으로 전자쌍을 나눠 가지며, 극성이 없습니다. 이렇게 결합의 특성이 너무나 다른 물과 기름은 결코 섞일 수가 없습니다.

그러면 왜 소금이 물에 녹는 것일까요? 소금의 분자식은 NaCl입니다. 이것이 물에 들어가면 Na^{+}, Cl^{-}로 나뉩니다. 언뜻 생각하기에 물속에서 Na^{+}과 Cl^{-}이 이온결합을 하지 않을까 싶지만, 실제로는 이온결합이 일어나지 않습니다. 물 분자에서 (−)전기를 띠는 산소 쪽이 Na^{+}을 빙 두르고, 물 분자에서 (+)전기를 띠는 수소 쪽이 Cl^{-}를 빙 두릅니다. 그래서 Na^{+}과 Cl^{-}의 결합이 이뤄지지 않는 것입니다. 그러나 물에 소금이 과하게 들어가면 더 이상 물에 소금이 녹지 않습니다. 그것은 두 이온을 분리시키는 데 관여하는 물 분자가 부족하기 때문입니다.

수소결합은 부분적으로 (−)전기를 띤 것들과 부분적으로 (+)

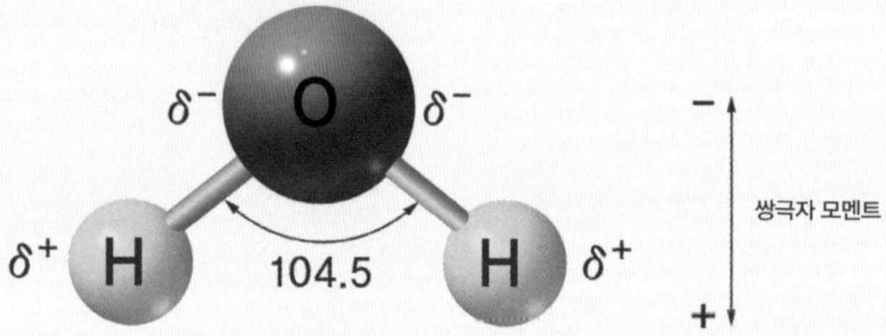

산소와 수소로 이루어진 물 분자는 극성을 갖고 있는데,
산소는 부분적으로 (−)전기를 띠고 수소는 부분적으로 (+)전기를 띤다.
이렇게 하나의 분자 안에 (−)전기를 띠는 부분과 (+)전기를 띠는 부분이 있는 분자를 쌍극자라고 한다.

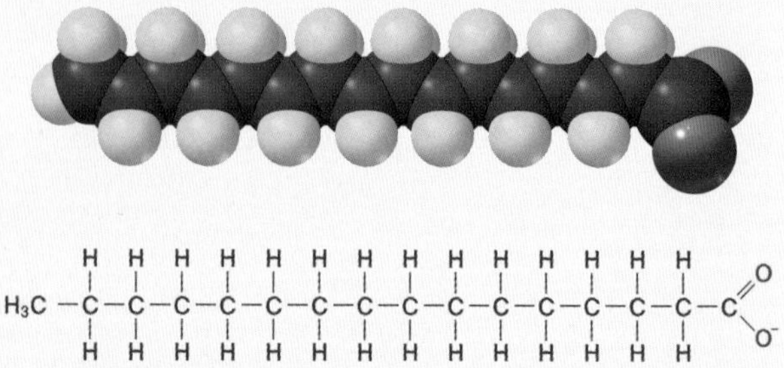

팔미테이트는 비극성공유결합으로 이루어진 긴 탄화수소 사슬을 가진다.

전기를 띤 것들끼리 서로 연결되는 것입니다. 그래서 결합에너지가 공유결합의 $\frac{1}{20}$ 정도로 굉장히 약합니다.

이온결합은 (+)이온과 (−)이온이 결합하는 것입니다. (+)전하를 띤 이온과 (−)전하를 띤 이온은 서로 끌어당겨 강하게 결합합니다. 대표적으로 물 밖에서 소금(NaCl) 결정은 Na^+가 Cl^-과 이온결합으로 결합되어 있습니다.

반데르발스힘은 일종의 인력입니다. 이 반데르발스힘을 이해하려면 원자 얘기를 할 수밖에 없습니다. 원자 가운데에는 양성자가 있고 그 주변을 전자가 마구 돌아다닙니다. 이 전자들이 열을 맞춰서 일정한 간격으로 돌아다니는 것이 결코 아닙니다. 제멋대로 돌아다닙니다. 그래서 전자가 한쪽으로 쏠리곤 하는데, 이로 인해 아주 약하게 한쪽이 부분적으로 (−)전기를 띠고 다른 한쪽이 부분적으로 (+)전기를 띱니다. 이런 전기적인 성질은 인접한 원자에 영향을 미치고, 부분적으로 원자들끼리 결합을 합니다. 원자들의 결합을 이루어지게 하는 것이 바로 반데르발스힘입니다.

소수성 효과는 속된 비유를 들자면 왕따 효과라 할 수 있습니다. 예컨대 1반, 2반, 3반, 4반에 왕따가 한 명씩 있다고 해봅시다. 소풍을 가면 1반에서 4반까지의 학생들이 왕따들을 밀어내고, 그러면 왕따들끼리만 모이게 될 것입니다. 이들 왕따끼리는 밀려나서 모여 있는 것일 뿐 결속이 강하지 않습니다. 소수성 효과도 마찬가지로 이해하면 됩니다. 소수성 부분이 있는 아미노산은 물을 만나면, 마치 물에 기름을 떨어뜨렸을 때 기름이 동그랗게 뭉치는 것처럼 구조가 바뀝니다. 즉, 소수성 효과는 마치 기름이 물에 섞이지 않고 물로부터 왕따를 당해 소수성을 지닌 것들끼리 모이는 현상이라고 할 수 있습니다.

이런 소수성 효과는 막의 유동성과 아주 상관이 깊습니다. 세포막은 인지질 이중층으로 되어 있는데, 이 인지질 이중층은 유동성이 굉장히 강합니다. 인지질은 친수성 부분과 소수성 부분으로 나뉘는데, 인지질은 물속에서 바깥쪽으로는 친수성 부분이 자리 잡고 안쪽으로는 소수성 부분이 자리 잡는 구조를 지니게 됩니다. 그리고 안쪽의 소수성 부분은 결합하고 있기보다는 모여 있는 것이기 때문에 유동성을 지니게 됩니다. 즉 소수성 효과에 의해 인지질은 인지질 이중층 내에서 측면으로 분자 운동을 자유롭게 할 수 있는 것입니다.

단백질 구조의 4단계

단백질의 1차 구조는 아미노산의 독특한 배열입니다. 이것

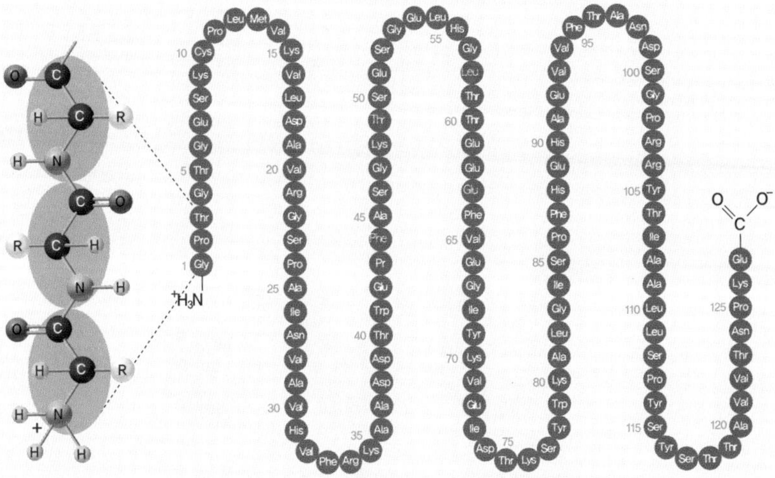

단백질의 1차 구조는 아미노산이 쭉 배열된 폴리펩타이드이다.

은 단지 아미노산들이 차례로 쭉 연결된 형태의 폴리펩타이드일 뿐입니다.

단백질의 2차 구조는 대부분의 단백질에서 발견되며 폴리펩타이드 사슬이 꼬임과 접힘으로 구성되어 있습니다. 3차 구조는 다양한 곁가지(R기) 사이에 일어나는 비공유결합과 공유결합인 이황화결합에 의해 결정됩니다. 4차 구조 단백질이란 두 개 이상의 3차 구조 단백질로 구성된 것을 말합니다.

점점 더 복잡해지지만 하나만 알면 됩니다. 마치 러시아 인형 마트료시카처럼 4차 구조 단백질 안에 3차 구조가 있고, 3차

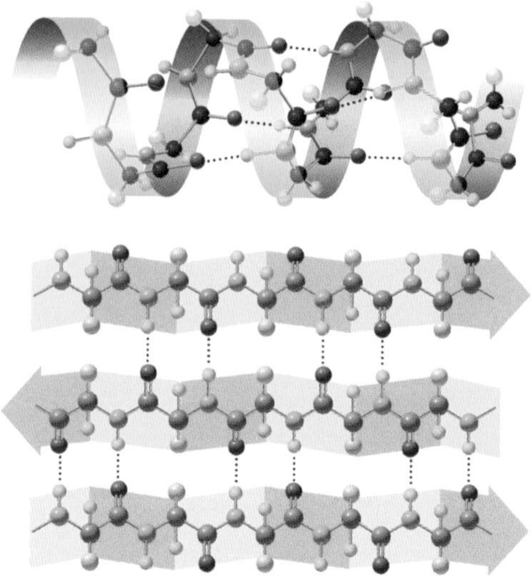

단백질의 2차 구조로는 알파구조와 베타구조가 있다.
단백질의 2차 구조에서는 수소결합이 중요하다.
그리고 이 수소결합으로 폴리펩타이드 사슬의 꼬임과 접힘이 이루어진다.

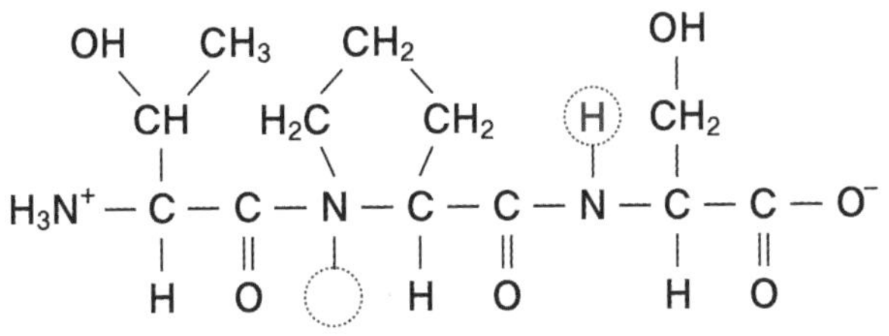

프롤린
(Pro or P)

무극성 곁가지 아미노산인 프롤린. 프롤린은 수소가 하나 부족하기 때문에,
2차 구조를 만드는 데 필요한 수소결합이 불가능하다. 그래서 프롤린이 있는 곳에선 단백질의 구조가 꺾인다.

구조는 2차 구조들이 모여서 형성되며, 2차 구조는 1차 구조들이 모여서 형성된다는 사실입니다.

우선 2차 구조를 잠깐 보도록 할까요? 2차 구조의 형성은 단백질이 구조를 잡는 데 매우 중요합니다. 2차 구조에서는 수소결합이 중요합니다. 펩타이드 결합으로 형성된 폴리펩타이드 사슬에는 C와 O의 이중결합과 N과 H의 단일결합이 반복적으로 나타납니다. 이미 설명한 것처럼 전기음성도 차이 때문에 C와 O의 이중결합에서는 O가 부분적으로 (−)전기를, 그리고 N과 H의 단일결합에서는 H가 부분적으로 (+)전기를 띱니다. 바로 이 산소와 수소 간의 수소결합으로 단백질의 2차 구조가 만들어집니다. 2차 구조에는 알파구조와 베타구조가 있는데, 알파구조는 알파나선 형태이고, 베타구조는 병풍 형태입니다.

소수성 아미노산 가운데 프롤린의 분자 구조를 한번 봅시다.

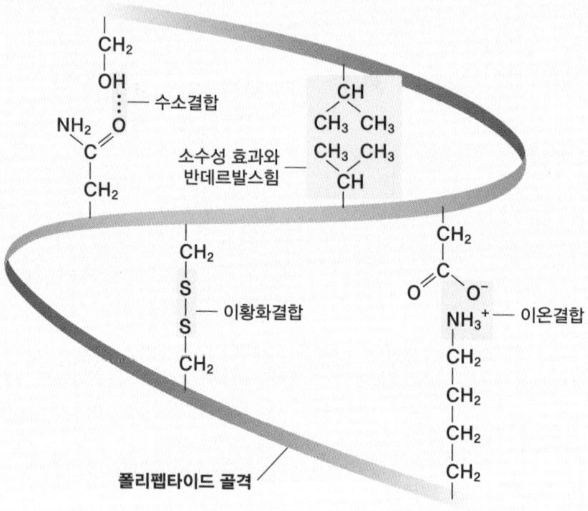

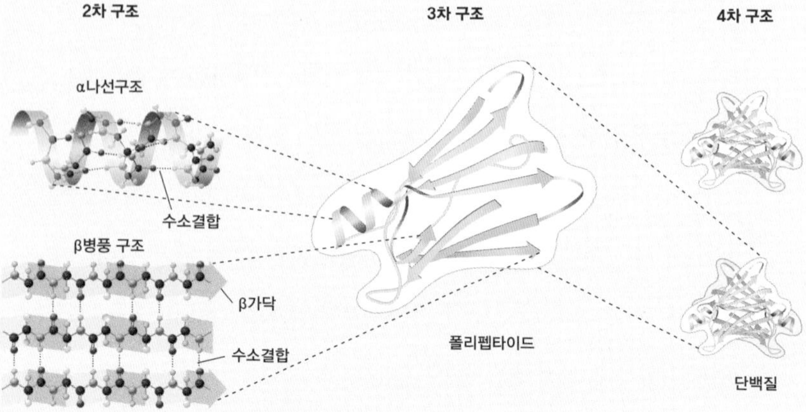

4차 구조 단백질은 3차 구조 단백질 2개 이상이 모여 이루어지며
3차 구조는 2차 구조인 α나선과 β병풍 구조가 모여 이루고 있다.

앞서 언급한 것처럼 프롤린은 다른 아미노산과 달리 아미노 끝(N 말단)에 수소가 하나 부족하여 2차 구조를 만드는 데 필요한 수소결합을 할 수 없게 됩니다. 따라서 프롤린이 있는 곳에선 단백질의 구조가 구부러지고 꺾여 알파구조나 베타구조는 깨지게 됩니다. 단백질의 구조를 꺾이게 하는 아미노산으로는 프롤린 외에 가장 작은 곁가지를 갖고 있는 글라이신glycine이 있습니다.

단백질의 3차 구조에는 수소결합, 이온결합, 반데르발스힘, 소수성 효과, 이황화결합(공유결합)이 모두 관여합니다.

수소결합은 극성 곁가지를 가진 아미노산들 사이에서 일어납니다. 소수성 효과와 반데르발스힘은 두 분자가 가까워져야 일어나는 상호작용으로, 무극성 곁가지 사이에 일어납니다. 이온결합은 (−)전기를 띠고 있는 아미노산의 곁가지와 (+)전기를

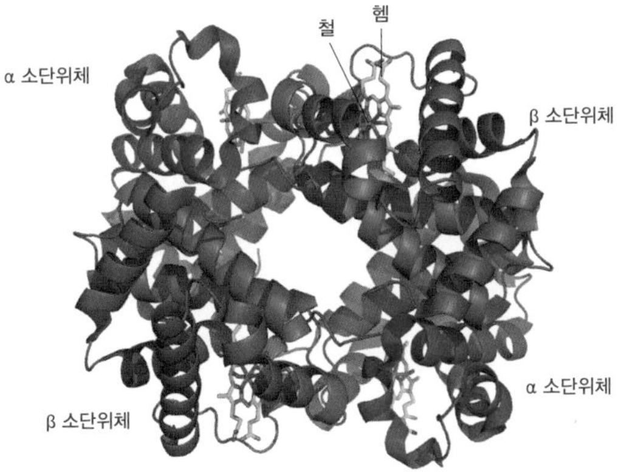

대표적인 4차 구조 단백질로는 헤모글로빈이 있다.

띠고 있는 아미노산의 곁가지가 만났을 때 이루어집니다.

이황화결합은 두 개의 설프하이드릴기(-SH)가 산화되어 형성되는 결합입니다. 이황화결합은 시스테인과 다른 위치에 있는 시스테인이 결합하여 형성됩니다. 두 개의 시스테인이 만나면 수소가 산화되어 날아가면서 이황화결합이 일어나며, 그때 '접힘' 현상이 나타납니다.

4차 구조 단백질은 두 가지 이상의 3차 구조 단백질이 모여서 한 개의 기능적 고분자를 이룬 단백질입니다. 대표적인 4차 구조 단백질이 헤모글로빈입니다. 두 개의 알파 소단위체와 두 개의 베타 소단위체, 그리고 헴과 철이 모여 헤모글로빈이라는 4차 구조 단백질을 구성합니다.

1차 구조의 작은 변화는 단백질의 구조와 기능에 큰 영향을 미칩니다. 대표적인 질환으로 혈액 유전질환 중 하나인 겸상적혈구빈혈증이 있습니다. 이렇게 1차 구조에 문제가 생긴 원인은 유전정보에서 찾을 수 있습니다. 겸상적혈구빈혈증은 헤모글로빈 단백질에 하나의 아미노산이 다른 것으로 바뀌어서 발병하는 질병입니다. 이름 그대로, 겸상적혈구빈혈증에 걸린 환자의 적혈구는 모양이 낫 모양입니다. 이 적혈구는 잘 파괴됩니다. 그래서 아버지와 어머니가 모두 겸상적혈구빈혈증 유전자를 갖고 있을 경우(동형접합자)에는 태어나지도 못합니다.

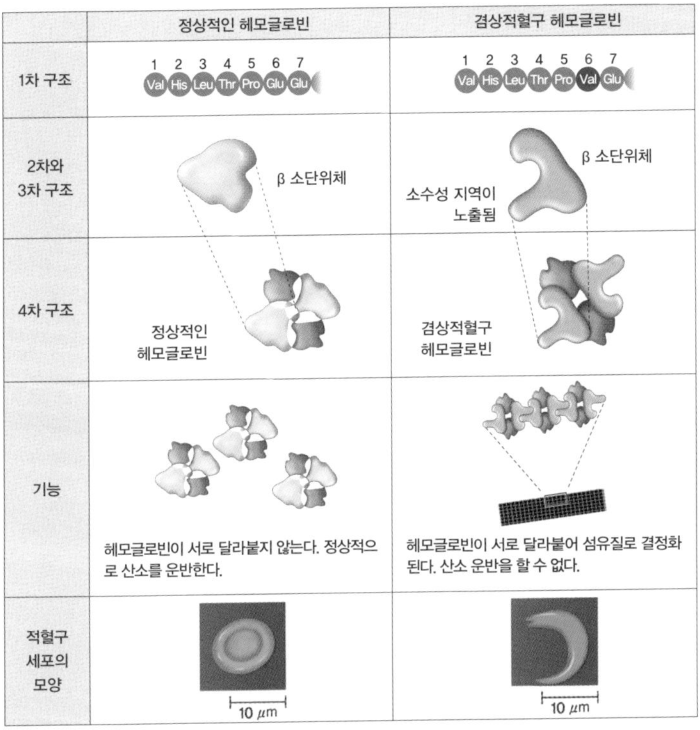

겸상적혈구빈혈증은 1차 구조 단백질의 작은 변화로 생기는 유전질환이다.

정상적인 헤모글로빈과 겸상적혈구빈혈증에 걸린 헤모글로빈을 비교해보면, 1차 구조에서 글루탐산glutamic acid 대신에 발린valine이 자리 잡고 있습니다. 문제는 이 발린이 (−)전기를 갖고 있는 글루탐산과 다르게 소수성 아미노산이라는 것입니다. 글루탐산 아미노산일 때에는 헤모글로빈이 서로 달라붙지 않으면서 정상적으로 산소를 운반하지만, 발린 아미노산일 때에는 소수성 지역이 노출되어 소수성 효과에 의해 헤모글로빈이 서로 달라붙음으로써 섬유질로 결정화됩니다. 그래서 산소 운반을 할 수가 없습니다.

아프리카에서는 겸상적혈구빈혈증 유전자를 가진 사람들, 즉 상동염색체 중 하나가 비정상적인 사람들이 많은데, 그 이유는 말라리아 때문입니다. 말라리아 병원균은 정상적인 헤모글로빈에서는 잘 작동하지만, 겸상적혈구 헤모글로빈에서는 제대로 작동하지 못합니다.

그러면 무엇이 단백질의 구조를 결정하는 것일까요?

1차 구조 이외에 물리화학적 조건은 단백질의 구조에 영향을 미칠 수 있습니다. 지나치게 산성이거나, 지나치게 짜거나, 너무 뜨겁거나 하면, 단백질이 변합니다. 즉, pH의 변화 ($-\log_{10}[H^+]$), 염의 농도, 온도, 또는 다른 환경적 요인들은 단백질의 구조를 망가뜨립니다. 그리고 이렇게 단백질의 원래 구조가 상실되는 것을 '변성'이라고 합니다. 변성된 단백질은 구조가 망가졌기 때문에 생물학적 기능을 상실하게 됩니다.

예를 들어, 계란을 삶으면 계란의 성질이 변화합니다. 그러면 왜 성질이 변하는 것일까요? 계란을 삶은 계란으로 만드는 아주 중요한 요소는 열입니다. 계란을 삶기 시작했다는 행위는 계란에 열을 가했다는 의미입니다. 열은 물체 내의 분자 운동으로 생기는 운동에너지의 총합을 말합니다. 비공유결합으로 결합된 물질은 결합에너지가 분자들의 운동에너지보다 약하면 운동에너지가 커질 때 결합이 끊어집니다. 계란이 삶은 계란으로 응고된 까닭은 계란에 존재하는 단백질 분자들에 열을 가함으로써 변형되었기 때문이며, 이때 소수성 부분들도 외부로 노출되는데 소수성 효과에 의해 이 부분들끼리 강하게 달라붙기 때문입니다. 즉, 열을 가하면 분자들의 구조가 깨지기 시작하고, 소수성 부분이 노출되면 소수성 부분들끼리 달라붙습니다. 그리고 이 과정을 통해 미끈미끈한 액체와 같은 계란이 형태를 지닌 고체로 변형되는 것입니다.

분자의 소수성과 친수성을 이해하는 데 아주 좋은 사례인 비누를 예로 들어보겠습니다. 비누는 두 가지의 물성을 지닌 물질입니다. 한쪽은 소수성을 띠고, 다른 한쪽은 친수성을 띠고 있

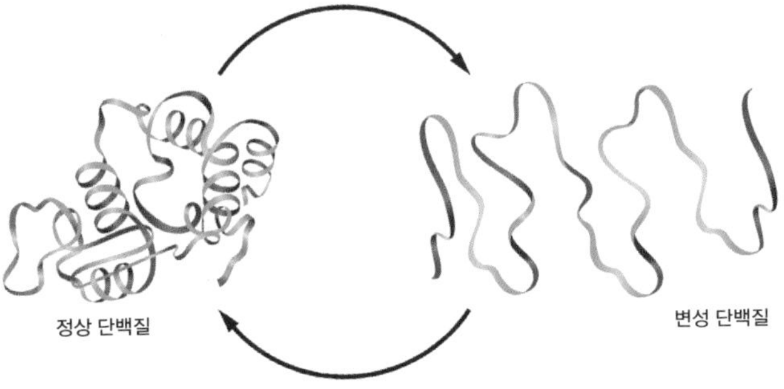

단백질의 원래 구조가 열과 같은 요인으로 깨지면 변성 단백질이 된다.

습니다. 그래서 비누를 물에 풀면, 비누 분자의 안쪽에 소수성 부분이 존재하고 바깥쪽에 친수성 부분이 존재하게 되어 비누는 물과 잘 섞이며, 소수성 물질인 기름때를 만나면 그 부분을 비누의 소수성 부분이 감싸서 피부나 섬유로부터 떨어뜨립니다.

마요네즈는 다른 방식의 단백질 변성을 이용해 만들 수 있습니다. 마요네즈는 계란 노른자를 모아서 식용유에 넣고 잘 저은 다음에 식초를 넣으면 만들어집니다. 아미노산 가운데 곁가지가 (−)이온인 글루탐산과 아스파트산aspartic acid의 카복시 (−)이온에 식초의 수소 이온(H^+)이 결합하게 되면 (−)이온이 사라지게 되는데, 그러면 이때 (+)전기를 띠고 있는 아미노산인 히스티딘histidine, 라이신lysine 그리고 아르지닌arginine의 (+)이온 곁가지와 형성하고 있던 이온결합을 더 이상 할 수 없어 구조가 바뀌게 됩니다. 즉 단백질 변성이 나타나게 되는 것입니다.

세포 안에 있는 단백질의 접힘을 어떻게 알 수 있을까요? 1차 구조를 갖고 단백질의 구조를 예상하는 것은 매우 어렵습니다. 이것은 거의 불가능에 가깝습니다. 언뜻, 인간게놈프로젝트에 의해 DNA 염기 서열이 해독되었고 이를 통해 아미노산의 배열을 알 수 있으므로 단백질의 구조를 예상할 수 있지 않을까, 하고 생각하기 쉽지만 수많은 변수들이 있기 때문에 단백질의 구조를 아는 것은 결코 쉽지 않습니다. 그러면 세포는 어떻게 단

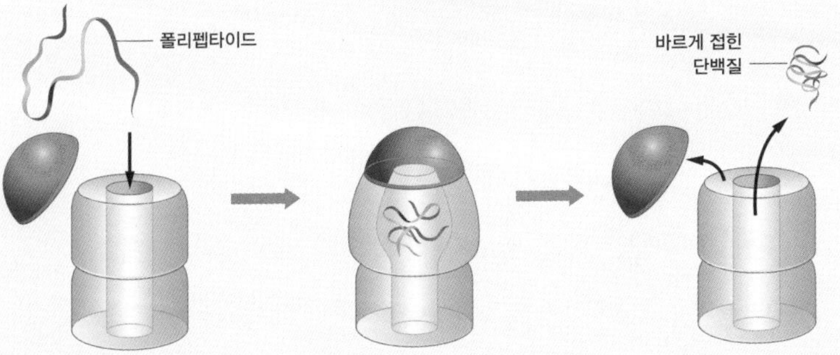

샤페론 기작의 단계:

❶ 접히지 않은 폴리펩타이드가 실린더의 한쪽 끝으로부터 들어온다.

❷ 뚜껑이 닫히고 에너지를 사용하여 실린더의 모양이 바뀌게 되고 이런 과정을 통해 폴리펩타이드가 접힐 수 있는 친수성 환경을 만들어준다.

❸ 뚜껑이 열리게 되면 적절하게 접힌 단백질이 나오게 된다.

단백질 복합체인 샤페론은 다른 단백질의 구조를 잡는 데 도움을 준다.

백질의 구조를 형성할까요? 바로 샤페론이라는 단백질 복합체를 이용하는 것입니다. 샤페론은 여러 단백질로 이루어진 단백질 복합체로 다른 단백질의 구조를 제대로 잡게 도와줍니다. 그 과정을 살펴보면, 샤페론에는 뚜껑 구조가 있는데 속이 빈 실린더 안쪽으로 접히지 않은 폴리펩타이드가 들어오면 뚜껑이 닫히고, ATP를 에너지원으로 이용하여 실린더의 모양이 바뀌면서 폴리펩타이드의 구조가 제대로 잡히는 것입니다. 그리고 뚜껑이 열리면서 적절하게 접힌 구조의 단백질이 나옵니다.

단백질의 구조가 세포 내에서 제대로 잡히지 않는다면 어떤 일이 벌어질까요? 구조가 제대로 잡히지 않은 단백질들은 세포 내에서 제거가 됩니다.

항온동물인 우리는 세포 안의 온도가 거의 일정하게 유지되기 때문에 온도의 상승에 따라 단백질이 변성하는 경우는 거의 없습니다. 그래서 우리의 체온이 40℃ 정도까지 오르게 되면 매우 위독한 상황이므로, 해열제를 투여하거나 냉찜질을 하여 체온을 낮춰야 합니다. 그러나 우리와 달리 온도 변화가 극심한 환경에 존재하는 미생물은 단백질 변성을 방지하는 시스템을 갖추고 있습니다. 샤페론 단백질 중의 하나인 열활성단백질heat shock protein이라는 것이 존재하는데, 온도 상승으로 단백질이 변성하게 되어 소수성 지역이 노출되면 소수성 지역을 덮어 소수성 지역끼리 뭉쳐지는 것을 어느 정도 방지하고 있습니다. 그리고 온도가 내려가면 ATP를 사용하여 열활성단백질이 소수성 지역에서 떨어져나갑니다.

바다 속 아주 깊은 곳 용암이 부글부글 끓어오르는 곳에는 호열성생물thermophile이 있습니다. 말 그대로 이 세균은 뜨거운 곳을 좋아하는 생물입니다. 온도가 섭씨 100도가 넘는 곳에서도 잘 사는 이들 고세균은 그렇게 온도가 높을 때에만 구조가 제대로 잡히는 단백질을 지니고 있습니다.

그럼 이제 슬슬 단백질의 구조를 잡아보기로 하겠습니다. 물속에서의 단백질은 표면에는 친수성 아미노산이 분포되어 있고, 가운데에는 소수성 아미노산이 분포되는 식으로 구조를 잡습니다. 여러분의 손이 손바닥은 물을 싫어하는 아미노산들로

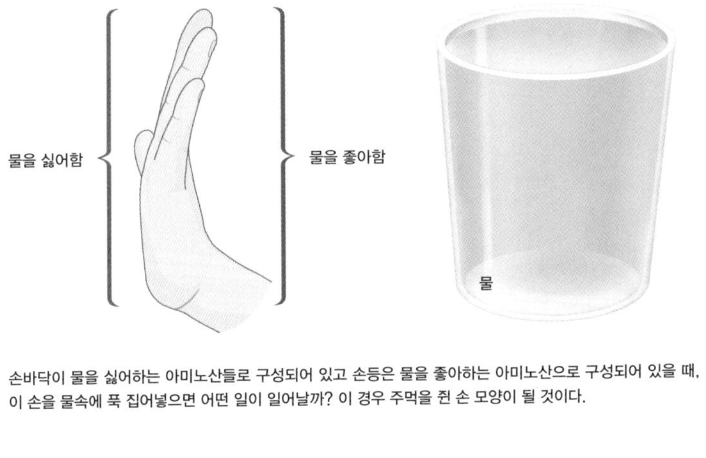

손바닥이 물을 싫어하는 아미노산들로 구성되어 있고 손등은 물을 좋아하는 아미노산으로 구성되어 있을 때, 이 손을 물속에 푹 집어넣으면 어떤 일이 일어날까? 이 경우 주먹을 쥔 손 모양이 될 것이다.

구성되어 있고, 손등은 물을 좋아하는 아미노산으로 구성되어 있다고 할 때, 손을 물속에 푹 담그면 어떻게 될까요? 아마도 주먹을 쥔 것처럼 손바닥이 오므려지게 될 것입니다. 그러면 반대로, 손등이 소수성이고 손바닥이 친수성이면 어떻게 될까요? 오른손과 왼손을 둘 다 물속에 집어넣었다면, 소수성끼리는 결합되므로 손등과 손등이 맞닿는 모양이 될 것입니다.

그러면 수소결합은 어떤 식으로 이루어질까요? 수소결합을 이해하려면 물 분자의 움직임을 보면 됩니다. 물 분자가 빠져나가면 수소결합을 했다가, 물 분자가 들어가면 수소결합이 깨집니다. 그래서 물속에 있는 단백질을 영상으로 찍으면, 수소결합이 되었다가 안 되었다가 하기 때문에 바들바들 떠는 것을 눈으로 확인할 수 있습니다. 이는 물속에 있는 단백질이 대부분 수소

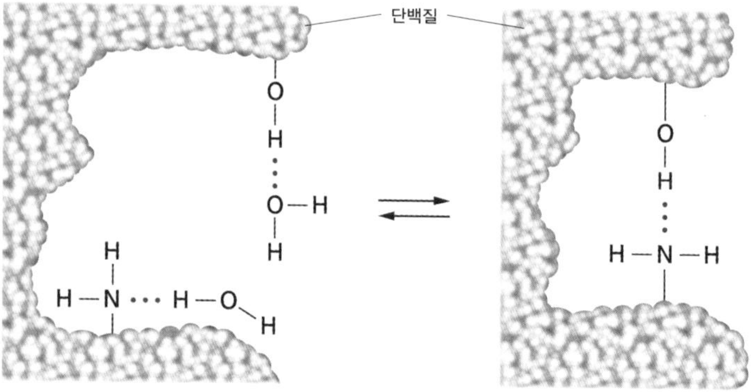

우리는 물 분자의 움직임을 통해 수소결합을 이해할 수 있다.
즉 물 분자가 빠져나가면 수소결합이 이루어지고, 물 분자가 들어가면 수소결합이 깨진다.

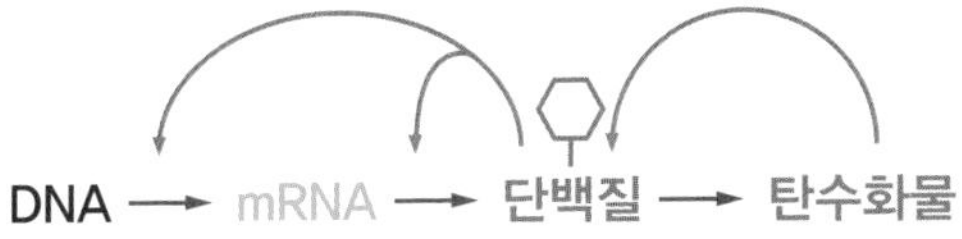

분자생물학의 센트럴 도그마는 DNA의 정보를 이용해 mRNA가 만들어지고,
mRNA의 정보를 이용해 단백질이 만들어진다는 것이다.

결합을 이루고 있기는 하지만 항상 그런 것은 아니며 간간이 수소결합이 깨진 상태로 있다는 사실을 알려줍니다. 단백질은 물 속에서 계속 구조가 미세하게 변하고 있는 것입니다.

분자생물학의 센트럴 도그마Central dogma는 DNA의 정보를 이용해 mRNA가 만들어지고, mRNA의 정보를 이용해 단백질이 만들어진다는 것입니다. 그리고 이렇게 만들어진 단백질 가운데 어떤 효소들은 탄수화물을 만듭니다. 그리고 이 탄수화물들은 특정 효소들에 의해 단백질의 특정 아미노산에 달라붙어 단백질의 구조를 바꿀 수 있습니다. 최신 연구에 따르면 탄수화물이 붙은 어떤 단백질들은 DNA를 복제하거나, DNA 유전정보로부터 mRNA를 만들거나, mRNA로부터 단백질을 만드는 작업에 관여하기도 합니다. 그런데 이런 단백질 변형 혹은 단백질 수식화를 수행하게 하는 설계도는 DNA 정보에 없으며, 여러 신호와 세포의 주어진 환경에 의해 복합적으로 이루어지기 때문에 연구하기가 매우 어렵습니다.

단백질의 수식화

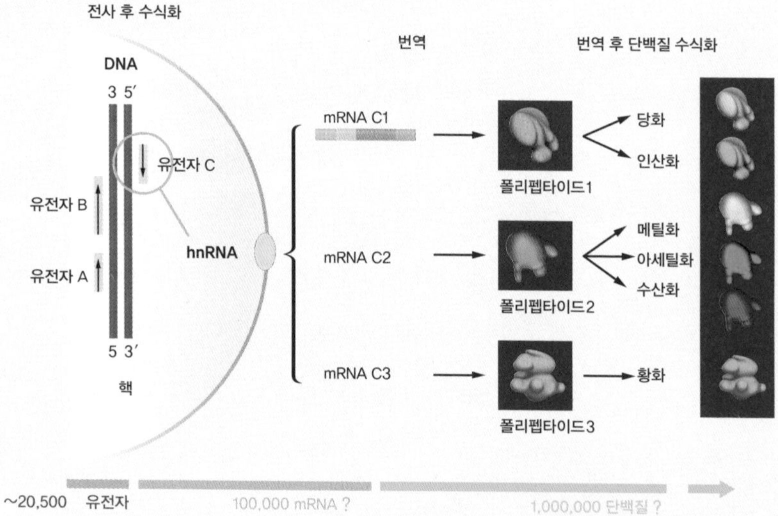

폴리펩타이드가 단백질로서 제 기능을 수행하려면 적절하게 구조를 잡아야 한다. 이러한 단백질의 변신은 특정 아미노산의 당화, 인산화, 메틸화, 아세틸화, 수산화, 황화 등이 이루어질 때 완성된다.

단백질의 변신

인간게놈프로젝트는 수많은 과학자들의 예상과 달리 인간의 유전자 수가 약 2만 500개라는 것을 밝혀주었습니다. 이 수는 굉장히 작은 수입니다. 이것은 식물 애기장대arabidopsis보다 더 작은 수입니다. 예쁜꼬마선충이나 초파리보다는 많지만 말입니다. 그런데 이렇게 유전자 수가 적은 데도, 인간의 몸이 고도화된 기능을 갖고 있는 이유는 무엇 때문일까요?

진핵생물에서는 유전자가 전사된 후 mRNA가 여러 개 나올 수가 있습니다. 유전자 하나에 단 하나의 단백질 정보가 있는 것이 아닙니다. 과학자들은 약 10만 개 정도의 mRNA가 DNA 정보로부터 만들어질 것이라고 추정하고 있습니다. 이런 mRNA의 정보로 폴리펩타이드가 만들어지고 이 폴리펩타이드가 전부라면 10만 가지의 단백질만이 존재했을 것입니다. 그러나 단백질은 대충 따져봐도 이보다 10배 이상 많습니다. 단백질은 단순히 아미노산의 나열로 이루어지는 것이 아닙니다. 단백질이 기능을 수행하기 위해서는 우선 적절하게 구조를 잡아야 하는데, 이때 당, 인산기, 메틸기, 아세틸기, 수산기, 황, 스모SUMO, ADP 리보실ADP ribosyl group 등이 단백질에 따라 특정 아미노산에 결합되어야만 합니다. 이를 단백질의 '번역 후 수식화posttranslational

단백질의 인산화

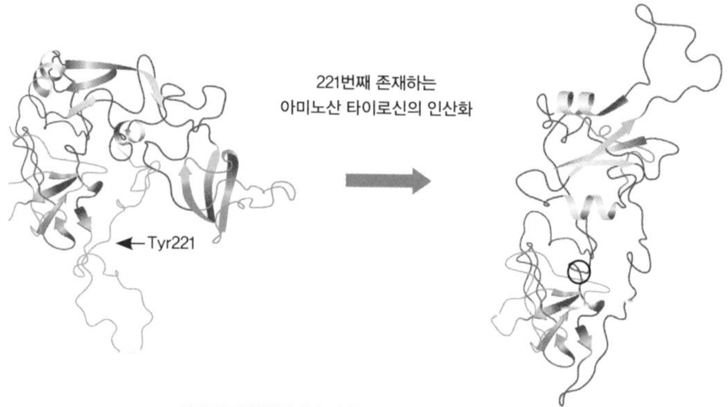

단백질이 인산화되면 단백질의 구조가 완전히 바뀐다.

modification' 과정이라 하며 이에 관여하는 분자들의 수는 무지무지하게 많습니다. 단백질의 변신은 세포가 처한 환경이나 신호에 의해 일을 수행하여야 할 때 이루어지는데, 이는 마치 아무런 장비도 없는 전사(폴리펩타이드 또는 기능을 수행하지 못하고 잠을 자는 단백질)에게 갑옷을 입혀주는 것(여러 분자로 수식화)과 비슷합니다. 같은 지역에서 어떤 때는 당화, 어떤 때는 인산화가 되기 때문에, 그 조합을 따져보면 상상할 수 없이 많은 단백질이 생성됩니다. 과학계는 인간에게는 기능이 다른 단백질이 약 100만 가지 이상이 존재할 것이라고 추정하고 있습니다.

예를 들어 Crk adaptor 단백질의 인산화를 한번 볼까요? 효소(EGFR 카이나제)에 의해 221번째에 존재하는 아미노산 타이로신에 인산이 달라붙으면(인산화) 위의 그림처럼 단백질의 구조가 완전히 바뀌어버립니다. 이렇게 구조가 달라지면 기능도 달라질 수 있습니다. 이 단백질은 여러 단백질들과 결합하여 일합니다. 그래서 221번째 타이로신에 인산이 결합하면 이 단백질과 달라붙는 단백질의 종류가 달라져서 다른 일을 할 수 있게 됩니다.

이처럼 우리 몸 안에는 신호를 기다리는 준비된 단백질이 참으로 많습니다. p53단백질을 예로 들어보겠습니다. 이 단백질은 암세포를 죽이는 종양억제단백질로, 우리 몸에서 순찰차 역할을 합니다. 이 p53단백질은 한편으로는 몸속에서 계속 만들어지고, 다른 한편으로는 계속 없어집니다. 그래서 항상 낮은 비율로 존재합니다. 그런데 우리 몸이 DNA가 끊어진다거나 암세포가 만들어진다거나 하는 신호를 포착하면, p53단백질을 없애는 작업이 방해를 받으면서 p53단백질의 양이 확 늘어납니다. 이런 방해 작업은 바로 p53의 어떤 특정한 아미노산에 인산화가 이루어져 단백질이 변신했기 때문입니다. 이렇게 양이 늘어난 p53단백질은 문제가 되는 세포의 사멸을 유도합니다. 그래서 만약 p53단백질이 만들어지지 않거나 제대로 작동하지 못하게 되면 암이 발생하는 등의 문제가 생깁니다. 암 환자의 상당 비율이 p53단백질과 연관된 유전자의 변형에 의해 이 종양억제단백질의 기능에 문제가 생긴 환자들입니다.

biology inside

단백질 번역 후 수식화

유전공학이 발전하면서 과학자들은 생명현상을 조절하는 중요한 단백질들을 유전공학적 방법으로 만들 수 있기 때문에 질병치료제를 쉽게 만들 수 있을 것이라고 생각했다. 그러나 30여 년이 지난 현재까지도 많은 어려움에 봉착해 있다. 그 주된 이유 가운데 하나는 단백질 중 대부분이 단백질에 다른 여러 분자들이 제대로 공유결합이 되어야만 올바른 기능을 수행할 수 있기 때문이다. 이렇게 단백질의 특정 아미노산에 당, 인산기, 메틸기, 아세틸기, 수산기 등이 결합되는 것을 번역 후 단백질 수식화라고 한다. 지금까지 약 200여 가지 종류의 수식화 분자가 발견되었다.

대표적인 것으로는 인산과 탄수화물을 들 수 있다. 단백질에 (–)이온을 갖고 있는 인산기가 결합하게 되면 그 전기적인 성질 때문에 단백질의 구조가 변하게 되고, 변화된 구조에 의해 단백질이 기능을 수행하게 된다. 따라서 올바르게 만들어진 단백질이 존재한다고 해도 정확한 위치에 인산기가 수식화되지 않는다면 그 단백질은 기능을 수행할 수가 없다. 물론 모든 단백질에 인산기가 붙어야 하는 것은 아니다. 어떤 단백질들은 탄수화물이 붙어야 하고, 어떤 경우는 탄수화물 자체가 기능을 수행하기도 한다.

단백질은 항상 신호를 기다립니다. 자극에 의해 새롭게 만들어지는 단백질도 있지만, 대부분의 단백질은 세포 안에서 이미 만들어져 있습니다. 외부 자극은 단백질을 깨우는 역할을 할 때가 많습니다. 단백질을 깨운다는 것은 단백질의 수식화가 일어난다는 말입니다.

(−)전기를 갖는 인산기의 역할을 잠깐 보기로 하겠습니다. 앞에서 언급한 것처럼 손바닥은 소수성이고 손등이 친수성이라면 손은 물속에서 주먹을 쥐게 됩니다. 그런데 (−)이온을 갖고 있는 인산기가 단백질에 붙게 되면 주먹을 쥔 안쪽 소수성 부분 역시 친수성인 인산기에 의해 벌어지게 되어 모양이 바뀝니다.

만약 단백질이 필요할 때마다, 유전자에서 mRNA가 만들어져서, 이 mRNA가 단백질을 만드는 과정이 일어나야 한다면 이미 한참이나 늦어버리는 상황이 될 수 있습니다. 우리 몸은 그런 식으로 작동하는 대신, 단백질을 미리 만들어놓고는 신호가 오면 기능하도록 되어 있습니다. 신호에 의해 인산기를 붙여주는 효소가 활성화되어 인산기가 붙으면 그 과정을 통해 단백질은 일을 할 수 있는 구조로 확 바뀌게 됩니다.

예를 들어 머리가 무척 가렵다고 해봅시다. 머리를 긁고 싶은 상황입니다. 머리가 간지럽다는 신호가 왔을 때 그때 머리를 긁는 단백질을 만들기 시작하면 어떻게 될까요? 유전자가 전사되고 거기에서 나온 mRNA를 가지고 단백질을 만들어서 머리를 긁으려고 한다면 이미 그 사이에 간지러움이 사라질 겁니다. 소용없는 일이죠. 우리 몸은 이렇지 않습니다. 실제로는 단백질

음전기를 갖는 인산기의 역할

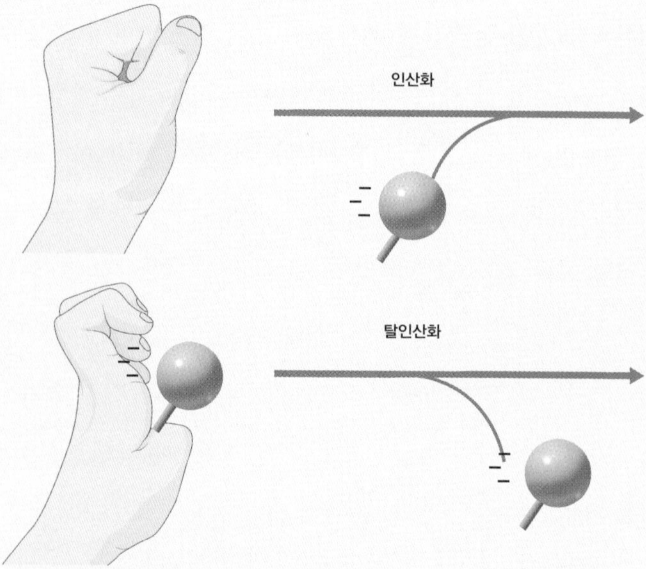

단백질의 소수성 부분은 친수성인 인산기에 의해 구조가 바뀐다.

이 만들어져 있습니다. 신호가 오면 인산이 딱 달라붙고, 그러면 구조가 머리를 긁기 좋게 확 바뀝니다. 그래서 제때 머리를 긁을 수 있습니다. 그런데 이 다음부터가 중요합니다. 계속 인산기가 달라붙어서 머리를 긁는다면 어떻게 될까요? 피부가 벗겨지겠죠? 더 이상 필요하지 않는 데도 단백질이 기능을 수행하는 상황이 될 것입니다. 다행히 세포는 신호가 올 때만 인산이 단백질에 붙어 있게 합니다. 그리고 항상 포스파타아제phosphatase가 작동합니다. 신호가 오는 동안 계속 인산화하고, 인산기가 제거되는 것이지요. 그래서 신호가 있을 때만 인산화가 일어나는 것입니다. 이것이 바로 단백질의 작동 원리입니다. 인산기를 붙이는 키나아제kinase 단백질뿐 아니라 인산기를 떨어뜨리는 포스파타아제 단백질도 동시에 존재하여 신호에 의해 작동합니다. 이것을 세포 신호전달이라고 합니다.

신호조절이 제때에 이루어지지 않으면 심각한 질병이 나타납니다. 가령 인슐린처럼 혈당을 조절하는 호르몬이 분비되었는데, 이 인슐린이 사라지지 않는다면 어떻게 될까요? 그러면 우리 몸은 혈액 내의 포도당을 글리코겐으로 저장하거나 지방산으로 전환시키는 등의 일을 계속하게 됨으로써 결국에는 저혈당에 빠지게 됩니다. 그러기 때문에 신호를 받아서 기능하게 된 단백질들은 신호에 의해 기능하는 순간 단백질 자체가 사라지기 시작하거나, 단백질에 결합하여 그 구조를 변형시켜 기능을 수행하게 했던 분자를 다시 떼어냄으로써 그 기능을 사라지게 합니다. 즉 세포 안의 단백질들은 신호를 받아 단백질의 구조를 변신시켜 기능을 수행하게 함과 동시에 단백질의 구조를 되돌려 기능을 정지시킵니다.

이를 테면 다음과 같은 식으로 신호가 이루어집니다. 호르몬 수용체에 호르몬이 달라붙었다고 해봅시다. 이것은 세포막 밖에서 일어난 일입니다. 그런데 호르몬이 세포 안쪽으로 영향을 미치면, 단백질의 구조가 달라집니다. 이렇게 단백질의 구조가 달라지면 세포 안에 존재하는 특정 신호 전달에 관여하는 단백질이 그것을 신호로 인식합니다. 즉 호르몬 수용체에 호르몬이 달라붙었을 때 세포막 안쪽의 구조 변화를 신호로 인식하는 것입니다. 단백질이 또 다른 분자와 결합하였을 때, 단백질이 원래 가지고 있는 고유의 비공유결합에 영향을 미쳐서 단백질의 분자 구조에 재배열rearrangement이 일어납니다.

단백질은 제대로 기능을 수행하기 위해서는 올바른 구조로 '접힘'이 이루어져야 합니다. 대부분의 많은 단백질은 아미노산만으로 구성되어 있지 않고 인산기나 탄수화물과 같은 다른 여러 화학물질과 공유결합을 이룸으로써 기능을 수행합니다. 단백질이 화학물질로 수식화되는 과정을 '단백질 번역 후 수식화

과정'이라고 하며, 단백질의 기능뿐만 아니라 단백질의 세포 내 위치, 단백질의 운명과 같은 중요한 역할을 담당하여 세포가 제 기능을 발휘할 수 있도록 합니다.

조진원

연세대학교 시스템생물학과

단백질 변신의 중요성 1부

2부 세포로의 여행

당생물학과 글라이코믹스 3부

4부 생물학자와 함께하는 상상초월 토크 콘서트

세포는 상상을 뛰어넘을 정도로 다이내믹한 생명 장치이다. 세포들의 일과 삶은 치열하지만 매우 정확하게 일어난다. 세포 내 존재하는 각 세포 소기관의 기능이 무엇인지, 어떻게 세포소기관이 만들어지게 되었는지에 관하여 과학적인 접근 방법으로 들여다볼 것이다. 질병과 관련된 세포 소기관의 이상을 비롯해, 세포막의 특징, 핵, 미토콘드리아, 엽록체, 퍼옥시좀, 소포체, 골지체, 리소좀 등을 두루 언급할 것이다.

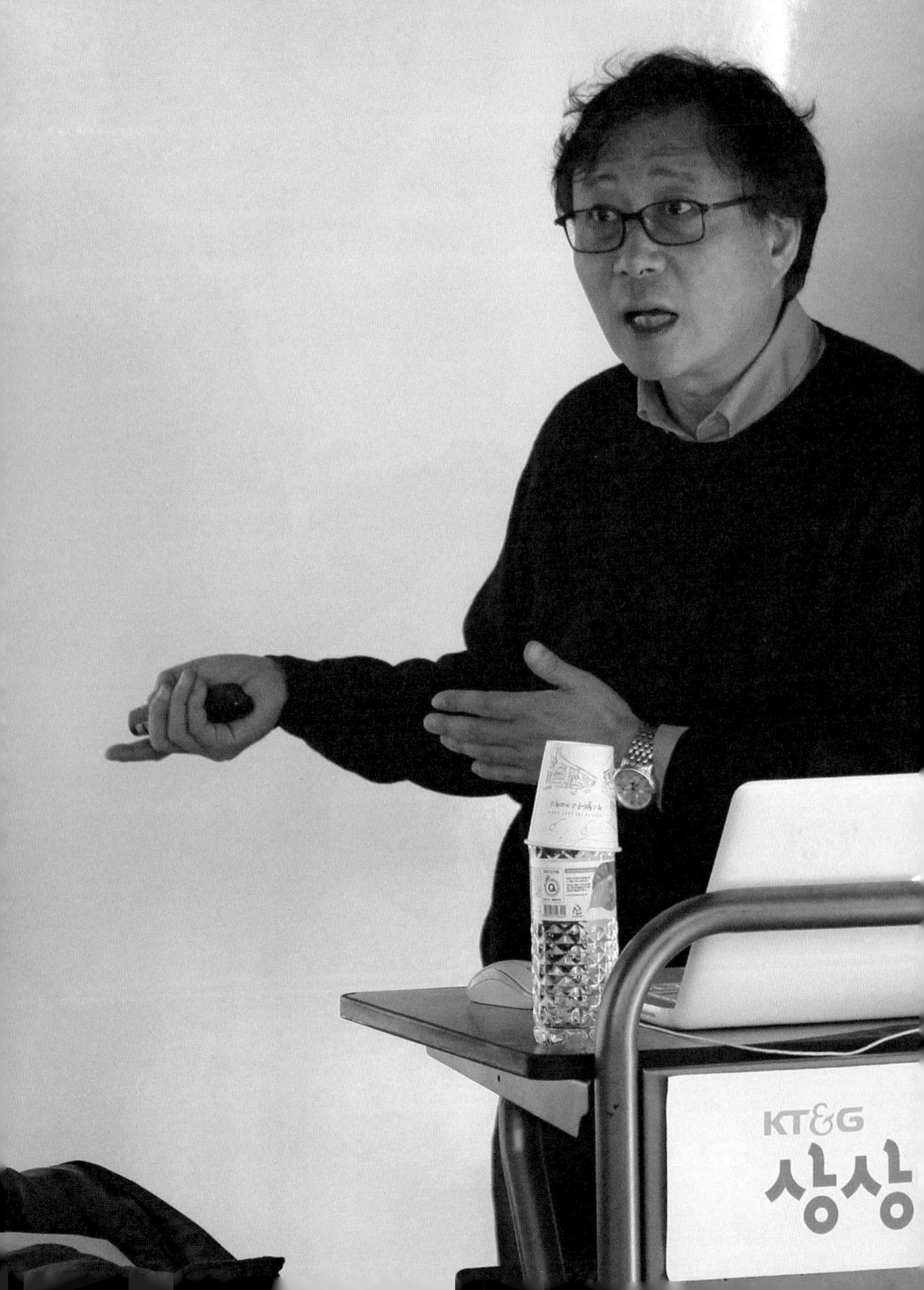

2부

세포로의 여행

세포 안을 들여다보는 일은 상당히 흥미로운 일입니다. 이곳저곳으로 운반되는 단백질들, 세포 속의 쓰레기를 집어삼키는 리소좀, 바삐 활동하는 온갖 효소들 등을 들여다보면 빠르게 돌린 다큐멘터리 영화를 보는 듯한 느낌에 사로잡히게 됩니다.

모든 생명체는 세포로 구성되어 있습니다. 세포는 물질들이 모여서 살아갈 수 있는 가장 단순한 형태이며, 세포의 구조는 세포의 기능과 밀접한 관계가 있습니다. 또 모든 세포는 조상세포의 분열로 만들어졌기 때문에 서로 연관되어 있습니다.

세포는 어떻게 볼 수 있을까요? 세포는 맨눈으로 볼 수 없을 만큼 아주 작으며, 그 구조도 매우 복잡합니다. 세포를 그려놓은 그림들을 보면 굉장히 한가로워 보입니다. 그러나 사실 그 안에는 굉장히 많은 단백질들이 같은 일을 수행하는 그룹들끼리 무리를 이루며 존재합니다. 각기 다른 세포소기관의 단백질 항체에 형광물질을 붙여놓은 다음 형광현미경으로 보면 핵, 미세소관, 골지체, 액틴섬유, 미토콘드리아 등 저마다 다른 모양을 띤 세포소기관의 모습을 볼 수 있습니다. 세포소기관들 각각을 다른 색으로 염색할 수 있는 것은 각 단백질의 고유한 현상을 인식할 수 있는 항체를 이용했기 때문입니다. 예를 들면 미토콘드리아에만 있는 단백질의 항체에 형광물질을 붙이면, 형광현미경으로 미토콘드리아를 볼 수 있습니다.

세포를 들여다보는 현미경

세포를 보려면 현미경을 잘 알아야 합니다. 세포를 보는 현미경은 크게 광학현미경과 전자현미경으로 나뉩니다. 광학현미경의 해상도는 200nm이고, 전자현미경의 해상도는 0.1nm입니다. 여기서의 해상도는 두 개의 서로 다른 점을 구별해줄 수 있

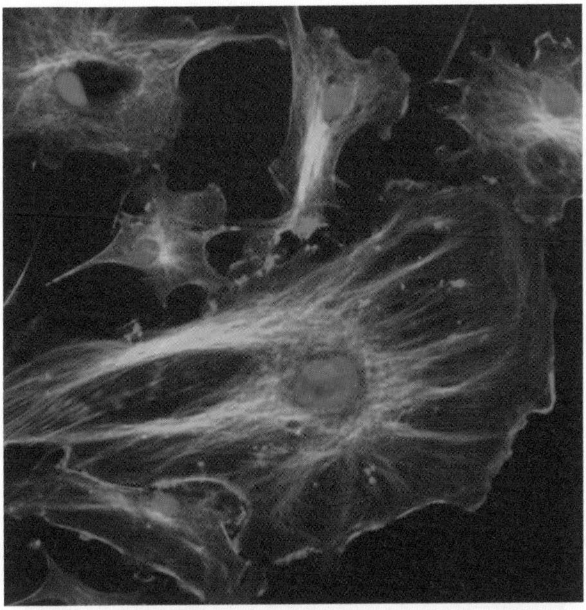

세포소기관의 단백질 항체에 형광물질을 붙여놓고 형광현미경으로 보면
아주 작으면서도 구조도 복잡한 세포 속을 볼 수 있다. 핵은 파란색으로, 미세소관은 녹색으로,
액틴섬유는 붉은색으로 염색되었다.

는 최소한의 거리를 말합니다. 전자현미경의 해상도가 광학현미경의 해상도보다 훨씬 높은 이유는 파장이 짧기 때문입니다. 파장이 짧으면 짧을수록 두 점 사이의 거리를 더 확연하게 구별할 수 있습니다.

광학현미경으로는 명시야현미경, 위상차현미경, 차등간섭대비현미경, 형광현미경, 공초점현미경, 디컨볼루션현미경, 슈퍼레볼루션현미경 등이 있습니다. 그리고 전자현미경으로는 주사전자현미경SEM과 투과전자현미경TEM이 있습니다.

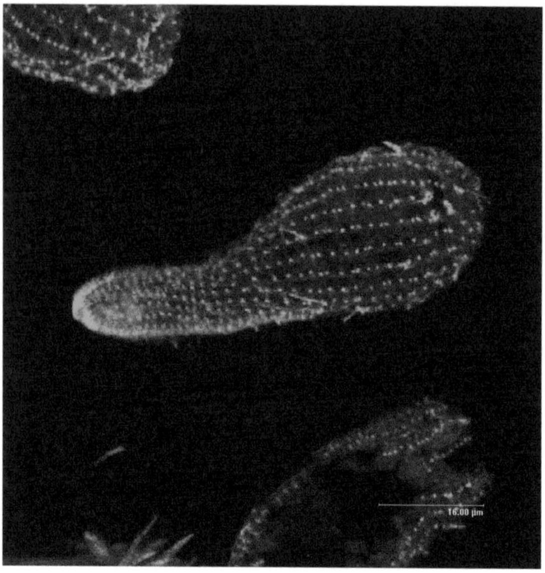

©Wikipedia

공초점현미경으로 본 단세포 민물 원생동물 테트라히메나.
공초점현미경은 시료를 더 뚜렷하게 관찰할 수 있게 한다.

명시야현미경은 주로 시료를 염색해서 관찰하는 현미경입니다. 이렇게 염색을 하게 되면 세포가 죽기 때문에, 살아 있는 세포를 관찰해야 할 경우에는 위상차현미경이나 차등간섭대비현미경을 사용하면 됩니다. 이 현미경들은 시료를 염색하지 않아도 세포를 관찰할 수 있게 해줍니다.

형광현미경의 경우는 시료를 염색해서 볼 수도 있고, 염색하지 않아도 살아 있는 세포를 관찰할 수 있는 현미경입니다. 이 현미경으로 보면 형광을 띠는 살아 있는 동물을 관찰할 수가 있습니다. 공초점현미경은 관찰하고자 하는 시료를 더 뚜렷하게 관찰할 수 있도록 하는 현미경입니다. 공초점현미경이 현상을 더 뚜렷하게 보여주는 까닭은 시료의 초점과 일치하는 빛만 쓰고, 초점과 맞지 않은 나머지 빛은 없애기 때문입니다. 전자현미경 가운데 투과전자현미경은 얇게 썬 시료를 관찰하는데, 대개 세포의 소기관, 조직의 내부를 볼 때 사용합니다. 주사전자현미경은 주로 표면을 관찰할 때 사용하는 전자현미경입니다.

녹색형광단백질을 발견한 과학자는 일본의 해양생물학자 시모무라 오사무 박사로 해파리에게서 녹색형광단백질을 발견했으며, 이후 수많은 과학자들이 실험할 때 녹색형광단백질을 사용하고 있습니다. 시모무라 오사무 박사는 2008년에 노벨 화학상을 수상했습니다.

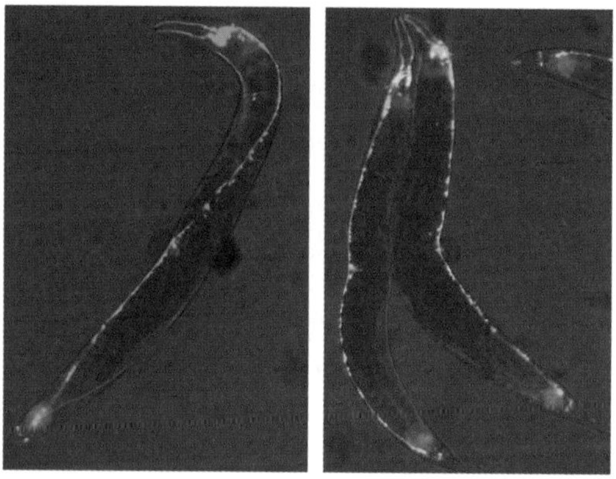

녹색형광단백질을 발현시킨 예쁜꼬마선충

위 사진은 예쁜꼬마선충의 SNAP-21이라는 유전자에 녹색형광단백질 유전자를 연결한 후 발현시켜 찍은 것입니다. 이렇게 하면 SNAP-21 단백질이 발현할 때 녹색형광단백질도 같이 발현됩니다.

투과전자현미경을 사용한 면역 금immunogold 기술은 세계적인 학자인 위르겐 로스 교수가 개발한 것입니다. 이 기술은 노벨상을 받을 만한 기술 중 하나입니다. 인간의 퍼옥시좀에는 카탈라아제katalase라는 효소가 있는데, 이 효소는 우리 몸 안의 활성산소를 없애는 데 필요한 효소입니다. 면역 금 기술은 이 카탈라아제가 어디 있는지 알려줍니다. 그 과정을 설명하자면 이렇습니다. 프로테인 A라는 단백질은 항체의 Fc 부위에 딱 달라붙을 수가 있습니다. 그래서 이 프로테인 A라는 단백질을 금 구슬에 코

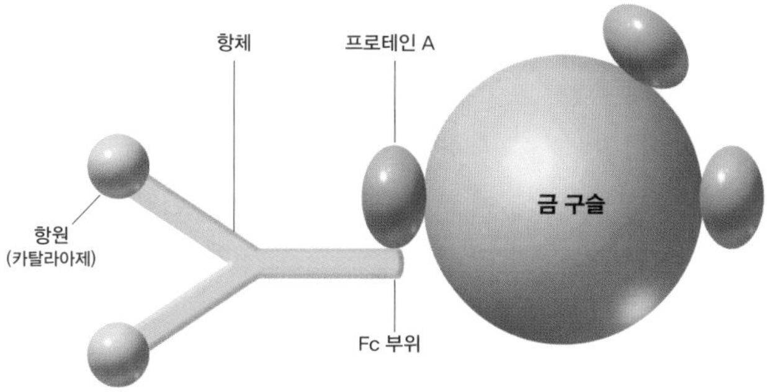

면역 금 기술은 카탈라아제 효소가 어디에 있는지 알려준다.

팅해놓고, 전자현미경으로 찍으면 됩니다. 그러면 금 구슬의 경우 전자 밀도가 매우 높기 때문에 전자현미경으로 보면 까맣게 보입니다. 우리는 이 까만 점들을 통해 항체의 Fc 부위에 프로테인 A가 달라붙은 카탈라아제의 존재를 확인할 수 있습니다.

세포 속으로

이제 세포 속으로 좀 더 깊이 들어가보도록 할까요? 세포는 크게 원핵세포와 진핵세포로 구분할 수 있습니다. 원핵세포에는 세균과 고세균이 있고, 진핵세포로 구성된 생물에는 원생생물, 균류, 동물, 식물이 있습니다.

그럼 우리 몸에는 진핵세포만 있을까요? 진핵세포로만 이루어졌다고 생각할 수도 있지만, 아주 많은 수의 원핵생물이 우리 몸에 살고 있습니다. 소장이나 대장이나 피부 같은 곳에 있는 장내세균이 바로 우리 몸에 기생하고 있는 원핵세포로 이루어진 원핵생물입니다. 이들 원핵생물들은 우리 몸무게의 약 1.5~2kg를 차지할 정도로 많습니다.

원핵세포와 진핵세포의 공통점이 있다면 무엇일까요? 이 둘의 공통점은 세포막이 있고, 세포질이라고 불리는 반유동성 물질이 있으며, 유전자를 갖고 있는 염색체와 단백질을 합성하는 리보솜ribosome이 있다는 것입니다.

원핵세포는 핵이 없고 막으로 둘러싸인 세포소기관이 없는 반면, 진핵세포는 핵 안에 DNA가 있고 핵은 핵막으로 둘러싸여 있으며 막으로 구성된 세포소기관이 있습니다. 또한 진핵세포는 원핵세포보다 훨씬 큽니다.

세포 유형	직경
마이코플라스마	0.1 ~ 1.0μm (1μm = 백만분의 1m)
대부분의 세균	1.0 ~ 10.0μm
대부분의 진핵세포	10.0 ~ 100.0μm

동물세포와 식물세포

동물세포와 식물세포를 봅시다. 동물세포의 핵막은 이중막입니다. 두 개의 인지질 이중층이 있습니다. 핵의 안쪽에 내막이 있고, 핵의 바깥쪽에 외막이 있습니다. 이 외막은 소포체와 연결되어 있습니다. 따라서 핵이 없는 원핵세포에 소포체가 없는 것은 너무나도 당연한 것입니다. 그러면 골지체는 어떨까요? 골지체는 소포체에서 기원합니다. 그러니까 핵이 없다는 것은 이런 막으로 둘러싸인 소기관이 없다는 것을 뜻합니다.

동물세포를 보면, 핵에는 핵막, 인, 염색질이 있고, 소포체, 리보솜, 골지체, 리소좀, 미토콘드리아, 퍼옥시좀, 미소섬유, 세포골격, 중심체 그리고 세포에 따라 편모가 존재합니다. 리보솜은 소포체에 점처럼 박혀 있는 부착리보솜과 세포질에 둥둥 떠 있는 자유리보솜이 있습니다. 세포를 보여주는 여러 그림을 보면 세포소기관들이 고정된 모양을 하고 있는 것처럼 착각할 수 있는데, 실제로 대부분의 세포소기관은 굉장히 다이내믹하게 그 모양이 시시각각 바뀝니다. 식물세포에만 있는 것은 엽록체, 중심액포, 세포벽, 원형질연락사입니다.

식물세포의 가장 큰 특징은 세포벽이 있다는 것입니다. 식물세포에게 세포벽은 굉장히 중요한 기관입니다.

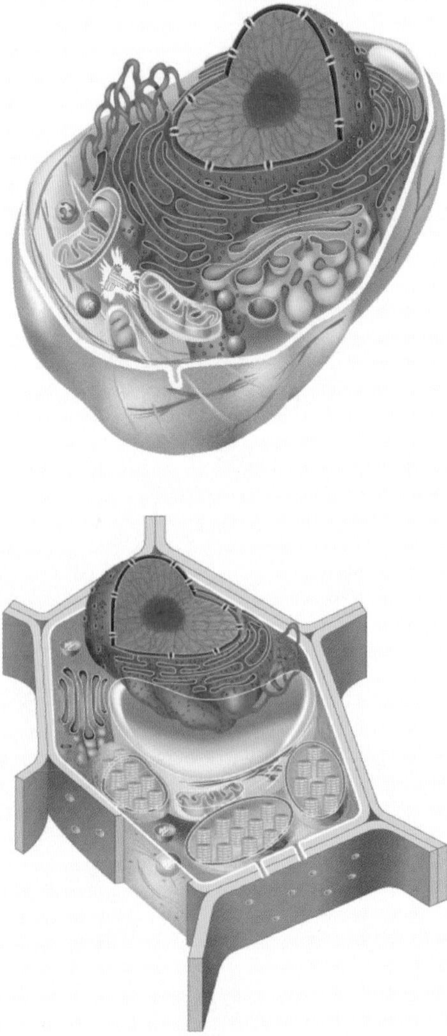

동물세포(위)와 식물세포(아래)

동물세포는 세포 안쪽의 농도와 세포가 담겨 있는 물의 농도가 같아야만, 즉 등장액 속에 있어야만 행복하게 지냅니다. 만약 동물세포를 아무 농도도 없는 맹물 같은 저장액에 집어넣으면, 얼마 지나지 않아 뻥 하고 터지고야 말 것입니다. 그러나 물을 흡수할 때 삼투압 현상을 이용하는 식물세포는 동물세포와 달리 저장액 속에 있어야 합니다. 그래야 물을 식물세포가 흡수할 수 있습니다. 그런데 만약 세포벽이 없다면 이들 식물세포들도 동물세포처럼 뻥 하고 터지고 말 것입니다.

식물세포의 또 다른 특징으로는 중심액포가 있다는 점입니다. 식물세포는 시간이 지날수록 중심액포가 커지고, 나중에는 죽어 세포벽만 남게 됩니다. 또 다른 특징은 엽록체가 있다는 점입니다. 또 세포벽에는 구멍이 뻥뻥 뚫린 원형질연락사가 있습니다. 식물세포를 보면 세포막과 세포막이 연결되어 있지 않는데, 원형질연락사는 일종의 연락 통로 역할을 합니다. 이 통로를 통해 식물세포는 농도 차를 이용해 부족한 것을 채우고, 인접한 식물세포들에게 필요한 것을 넘겨주며 신호전달 물질을 이동시키고 심지어는 바이러스가 돌아다니게 됩니다. 동물세포에는 있지만 식물세포에는 없는 것은 리소좀, 중심립, 편모(어떤 식물의 정자에서는 나타나기도 함)입니다. 식물세포에 중심립이 없다고 해서 중심체까지 없는 것은 아닙니다.

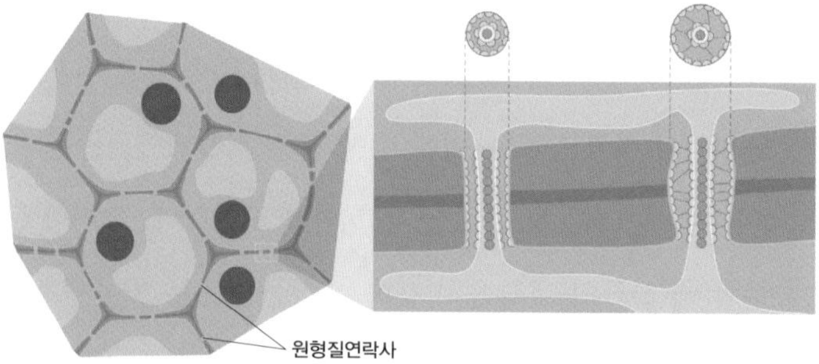

식물세포의 세포벽에는 원형질연락사가 있다. 원형질연락사는 일종의 연락 통로 역할을 한다.

그럼 이제 동물세포와 식물세포를 구성하는 구체적인 세포 소기관들의 구조와 기능을 살펴보기로 하겠습니다.

세포막

세포막은 산소, 영양물질, 노폐물을 통과시키는 선택적인 투과성을 갖고 있는 기관입니다. 일반적인 생명체의 세포막은 인지질 이중층의 구조를 갖고 있습니다. 여기서 의문이 하나 생길 수 있습니다. 왜 인지질 이중층으로 되어 있어야 할까요? 인지질 이중층 안쪽에는 소수성 물질이 있어서 세포의 안과 밖에 있는 친수성 물질이 마음대로 세포 안과 밖으로 이동할 수가 없습니다. 그래서 세포막에는 친수성 물질이 이동할 수 있도록 단백질로 된 통로를 만들어놓았습니다. 즉 인지질 이중층에는 어떤 물질을 선택적으로 투과할 수 있게 하는 통로가 만들어져 있으며, 단백질로 된 통로는 인지질 이중층에 박혀 있습니다.

왜 세포는 세포분열을 해야 할까요? 세포는 작게 분열할수록, 전체 부피는 일정하지만 표면적이 훨씬 넓어집니다. 즉 표면적 대 부피 비율이 높아집니다. 그리고 이렇게 표면적이 넓어지면 세포 안팎으로 물질을 교환하는 데 훨씬 유리해집니다.

가령 한 변의 길이가 1인 정육면체가 세포라면 이 세포가 성장하는 방법은 다음 두 가지 중 하나일 것입니다. 분열하는 대신에 부피만 커지는 것과 세포분열을 해서 한 변의 길이가 1인 정육면체의 개수를 늘리는 것입니다. 한 변의 길이가 4인 정육면체를 한 변의 길이가 1인 정육면체들로 나눠 보면, 전체 부피는

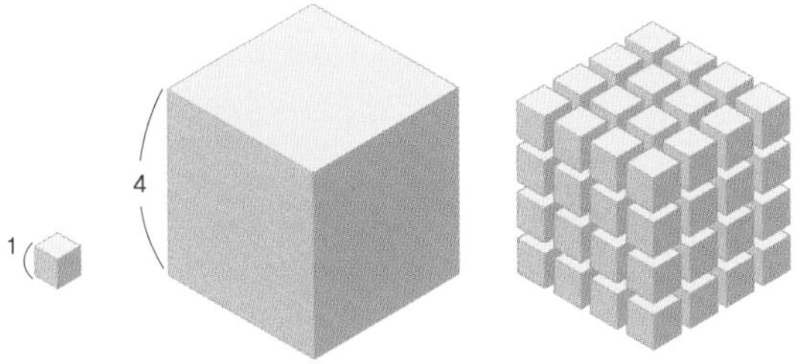

구분	한 변이 1인 정육면체 1개 (1×1×1)	한 변이 4인 정육면체 1개 (4×4×4)	한 변이 1인 정육면체 64개 (1×1×1)4×4×4
전체 표면적	6	96	384
전체 부피	1	64	64
표면적 대 부피 비율 (표면적 ÷ 부피)	6	1.5	6

동일한 대신 표면적은 굉장히 커집니다. 이렇게 되면 한 변의 길이가 1인 정육면체 64개로 구성된 것의 '표면적 대 부피 비율'은 한 변의 길이가 1인 정육면체의 '표면적 대 부피 비율'이 같습니다. 따라서 세포가 분열하게 되면 세포는 성장했지만 세포의 안팎으로의 물질 교환에는 전혀 변화가 없게 됩니다. 세포분열의 이유와는 상관없지만 우리 몸속에서 세포막의 표면적을 넓혀 세포 안팎으로의 물질교환을 유리하게 하는 대표적인 것으로는 소장의 융모가 있습니다. 세포소기관 중 미토콘드리아에서는 미끈한 외막과 달리 크리스타cristae라는 내막이 주름져 있는데, 이것도 표면적을 늘려 더 많은 ATP를 생산할 수 있도록 합니다.

세포의 핵

핵에는 진핵세포가 갖고 있는 대부분의 DNA가 들어 있습니다. 이런 진핵세포의 DNA 유전정보는 핵 내에서 전사되어 mRNA로 만들어지고 세포질로 이동한 다음 리보솜에 의해 해독되어 단백질을 만듭니다.

대부분의 DNA라고 표현한 이유는, 미토콘드리아와 엽록체가 독자적인 DNA를 갖고 있는 데다 핵에 있는 정보와는 별개로 독자적으로 단백질을 만들기 때문입니다. 다만 미토콘드리아와 엽록체는 자신들이 필요로 하는 단백질의 극히 일부분만을 만들 수 있고, 필요한 단백질 전부를 만들어내지는 못합니다. 이는 유전자 수가 10여 개 정도밖에 없기 때문입니다. 나머지 미토콘드리아에서 필요한 단백질들은 핵에 있는 유전정보가 번역되어 세포질에서 만들어진 후 이동한 것입니다.

세포의 중심인 핵을 더 자세히 들여다봅시다. 핵은 세포가 갖고 있는 대부분의 DNA를 갖고 있으며, 가장 뚜렷하게 보이는 세포소기관입니다. 핵막이 핵을 둘러싸는 방식으로 세포질로부터 핵을 분리하고 있습니다. 이 핵막은 2개의 인지질 이중층으로 구성되어 있습니다. 외막으로부터 소포체가 만들어지기 때문에 외막은 소포체의 일부라 할 수 있을 것입니다. 또한 내막

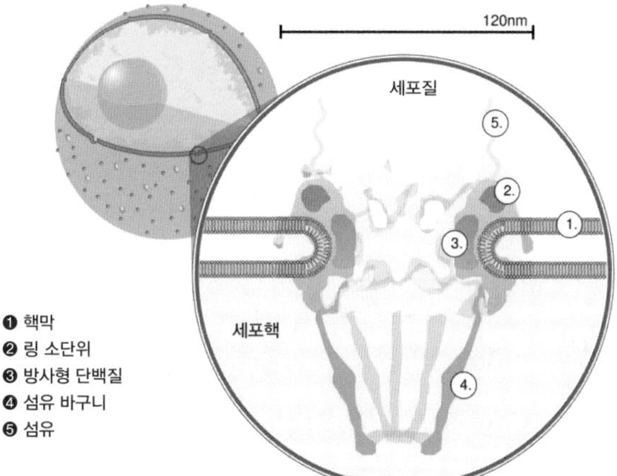

핵공은 물질이 이동하는 통로다. 핵공을 통해 세포질에서 만들어진 단백질들이 핵 안으로 들어가고, 핵 안에서 만들어진 mRNA와 같은 정보들이 세포질로 나간다.

과 외막 사이의 공간은 소포체 안쪽 공간과 연결되어 있습니다.

핵을 자세히 들여다보면 핵공이라는 것이 보입니다. 이 핵공은 물질이 이동하는 통로로 생각하면 됩니다. 이 핵공을 통해 세포질에서 만들어진 단백질들이 핵 안으로 들어가고, 핵 안에서 만들어진 mRNA와 같은 정보들이 세포질로 나가는 것입니다. 도대체 세포질에서 만들어진 단백질이 각 세포소기관에 어떻게 정확하게 이동하는 것일까요? 어떤 단백질은 핵에서 필요하고, 어떤 단백질은 미토콘드리아, 어떤 단백질은 소포체, 어떤 단백질은 리보솜, 어떤 단백질은 세포막에서 필요한데 세포질에서 합성이 완성된 단백질들은 도대체 어떻게 각각 필요한 곳으로 이동되는 것일까요? 여기서 주목해야 하는 것은 신호입니다. 핵에 존재해야 하는 단백질에는 NLS neclear localization signal라고 하는 신호, 즉 단백질에 핵으로 가라는 아미노산 서열로 이루어진 신호가 존재합니다. 리소좀으로 이동하는 신호를 제외하고 다른 소기관으로 이동하는 단백질에는 핵단백질과 마찬가지로 그들만의 신호가 특별한 아미노산 서열로 존재합니다. 권터 블로벨 Günter Blobel 교수는 세포소기관으로 이동하는 단백질에는 아미노산 신호 서열이 존재한다는 것을 밝힌 공로로 1999년에 노벨 생리의학상을 수상하였습니다.

다음으로, 핵에는 DNA와 단백질로 이루어진 '염색질'이라고 불리는 복합체가 존재합니다. 염색질은 응축하여 분명하게 보이는 염색체를 형성하는데, 세포가 분열할 때만 보이고, 평상시에는 염색질의 형태로 존재합니다.

이 염색질을 자세히 보면 히스톤이 느슨하게 감겨 있는 곳과 히스톤이 칭칭 감겨 있는 곳이 있습니다. 히스톤이 느슨하게 감긴 곳의 유전자는 전사하기가 쉽지만, 칭칭 감겨 있는 곳의 유전자는 전사하는 것이 불가능합니다. 전사하기 위해서는 RNA중

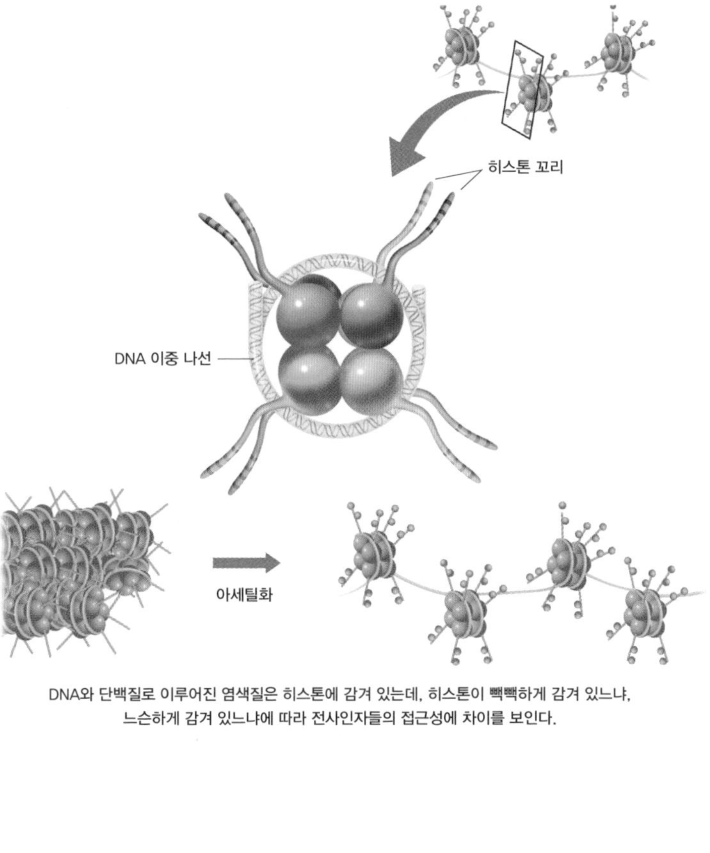

DNA와 단백질로 이루어진 염색질은 히스톤에 감겨 있는데, 히스톤이 빽빽하게 감겨 있느냐, 느슨하게 감겨 있느냐에 따라 전사인자들의 접근성에 차이를 보인다.

합효소나 전사인자들이 가서 달라붙어야 하는데, 히스톤이 칭칭 감긴 곳은 붙을 수 있는 공간이 전혀 없기 때문입니다. 유전자 발현 조절은 이렇게 mRNA가 전사하거나 전사하지 못하게 함으로써 이뤄집니다. 그래서 세포분열을 할 때, 막대기 형태의 염색체가 나타나는 것은 그때에는 유전자 전사가 일어나지 않는다는 것을 뜻합니다. 그때 세포는 무조건 DNA를 정확하게 딸세포로 나누는 것에만 신경 씁니다. 이는 생명현상에서 매우 중요한 현상 중 하나입니다.

핵을 그린 그림을 보면, 가운데에 인을 볼 수가 있습니다. 인은 핵 안에 있으며, rRNA를 전사하고 리보솜을 조립하는 곳입니다. 인은 분열하지 않은 핵 안에서 뚜렷하게 나타나는 구조로, 염색해서 관찰하면 리보솜 단백질이 많은 곳이기 때문에 짙게 염색됩니다. 여기서 rRNA가 DNA에 있는 rRNA유전자로부터 합성됩니다. 또 인에서는 세포질에서 단백질로 번역되어 NLS에 의해 핵 내로 유입된 리보솜 단백질이 rRNA와 복합체를 이루어 리보솜 대단위체와 소단위체로 조립됩니다. 이들 두 단위체는 핵공을 통해 세포질로 빠져나간 후 대단위체와 소단위체가 결합하여 기능을 갖는 리보솜이 완성됩니다. 복잡하게 여겨질 수도 있을 텐데 좀 더 쉽게 설명해보도록 하겠습니다.

여기서의 인은 실체가 있는 하나의 세포소기관이라기보다는 하나의 '지역'입니다. 간기 염색체들은 풀어져 있는 염색체로, 실패에서 실이 풀어져 있는 것처럼 DNA가 풀어져 있습니다. 하나의 세포에 많은 수의 rRNA 유전자가 존재하며, 이 rRNA 유전자는 여러 염색체에 흩어져서 존재하고 있습니다. 각각의 염색체로부터 유래된 DNA로부터 인이라는 지역에서 rRNA 유전자를 모아 놓고 그곳에서 rRNA를 전사합니다. 그리고 rRNA가 구조를 잡아놓으면 50여 종의 리보솜 단백질들이 이 구조에 달라붙어 리보솜으로 조립되는 것입니다. 그래서 섬유질 덩어리처럼 보이는 인이 형성되는 것입니다. 만약에 각각의 염색체에 존재하는 rRNA가 모이지 않고 여러 곳에서 rRNA를 전사하게 되어 리보솜 단백질들이 한곳에 모이지 않고 흩어져서 핵 내

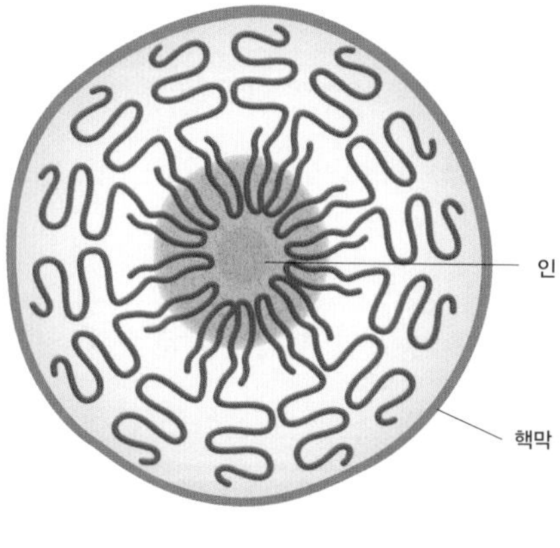

핵분열 전기 때 인이 사라지는 이유는 DNA가 히스톤에 칭칭 감겨 막대 형태의 염색체가 되기 때문이다.

로 들어가면서 어떻게 될까요? 아마도 물류대란이 일어날 것입니다. 이쪽에서 필요한 단백질은 저쪽에 가 있고, 저쪽에서 필요한 단백질이 이쪽에 있는 것과 마찬가지인 것입니다. 그러나 한 지역에 모여 있다면 리보솜을 쉽게 만들 수가 있을 것입니다. 따라서 인은 rRNA에 리보솜 단백질들이 붙어서 리보솜 단위체를 조립하는 공장이라 할 수 있습니다.

그러면 핵분열 전기에서 인이 사라지는 이유는 무엇일까요? 그것은 풀려 있던 DNA가 히스톤에 칭칭 감겨, 막대기 형태의 염색체가 되기 때문입니다. DNA가 감기게 되면 rRNA 유전자들도 막대기 형태의 염색체의 일원이 되어 인이라는 공간은 사라져버립니다.

리보솜

리보솜에 대해 부연설명을 하자면, 리보솜은 두 지역에서 단백질을 합성합니다. 세포질에서 둥둥 떠다니는 것을 자유리보솜이라고 하고, 소포체의 바깥쪽이나 핵막의 외막쪽에 있는 것을 막결합리보솜이라고 합니다. 리보솜은 대단위체와 소단위체로 구성되어 있습니다. 단백질 합성은 언제나 세포질에서 시작합니다. 이 이야기에 다음과 같은 의문이 들 수도 있습니다. 핵의 인에서 리보솜이 만들어지는데, 그러면 핵에서 단백질 합성이 일어날 수도 있는 것이 아닐까요? 그런데 그런 일은 일어나지 않습니다. 왜냐하면 리보솜은 세포질로 이동하고 난 다음에야 기능을 갖게 되기 때문입니다. 리보솜은 핵막을 통과해서 핵공을 통해서 바깥쪽으로 나온 다음부터 기능합니다.

내막계 세포소기관과 비내막계 세포소기관

세포 안에는 막으로 둘러싸여 있는 여러 가지 세포소기관들이 있습니다. 이들 소기관은 크게 둘로 나눌 수 있습니다. 하나는 내막계 세포소기관이고, 다른 하나는 비내막계 세포소기관입니다. 내막계를 구성하는 것들로는 핵막의 외막, 소포체, 골지체, 리소좀(동물세포), 중심액포(식물세포), 세포막이 있습니다. 비내막계 세포소기관을 구성하는 것들로는 미토콘드리아, 엽록체, 퍼옥시좀, 핵이 있습니다.

내막계 세포소기관

• **소포체**

내막계는 세포 내에서 단백질 이동을 조절하고 세포의 물질대사 기능을 수행하며, 공통적으로 이들 사이에는 막으로 이루어진 작은 소낭vesicle이 물질을 운반합니다. 이와 관련해 2013년에는 세포의 물질 운송 메커니즘을 규명한 과학자들에게 노벨

생리의학상이 수여되었습니다.

소포체는 간단히 말하자면 생합성 공장입니다. 진핵생물의 경우, 세포에서 세포막의 비율은 세포소기관 등을 포함한 전체 막의 1% 정도인데, 막의 비율이 가장 높은 것이 바로 소포체입니다. 전체 막의 절반 이상을 차지합니다. 소포체에는 활면소포체와 조면소포체가 있습니다. 활면소포체는 리보솜이 붙어 있지 않은 지역이고, 조면소포체는 리보솜이 표면에 박혀 있는 지역입니다.

소포체로 가는 단백질 역시 세포질에서 합성이 시작됩니다. mRNA에 리보솜이 달라붙어 단백질의 합성이 시작되면 70여개 정도의 아미노산으로 구성된 펩타이드가 만들어지고, 만약 이 단백질이 소포체로 이동해야 하는 단백질이라면 이 아미노산 배열은 소포체로 보내라는 시그널 펩타이드signal peptide를 지닙니다. 이 시그널 펩타이드를 인식하는 신호인식입자SRP, signal recognition particle는 세포질에 있습니다. 이 SRP가 시그널 펩타이드에 붙으면 단백질 합성은 더 이상 이루어지지 않습니다. 그리고 이 리보솜, mRNA, SRP로 이루어진 복합체는 소포체 막으로 이동하게 됩니다. 소포체에는 SRP를 인식하는 단백질이 있어서 이 복합체가 소포체 막에 붙을 수 있습니다. 그 후에 소포체 막에 복합체에 있는 리보솜이 달라붙습니다. 리보솜이 소포체에 부착되면 바로 이것이 막결합리보솜이 되는 것입니다. 소포체에 있는 구멍이 열리고 동시에 SRP가 복합체에서 떨어져 나가면 다시 막결합리보솜에 의해 소포체 단백질의 합성이 재개됩니다.

활면소포체의 대표적인 기능은 지질의 합성입니다. 활면소포체 안에는 기름, 인지질, 스테로이드를 합성하는 효소가 존재합니다. 성호르몬(스테로이드 호르몬)도 여기에서 합성됩니다.

그 다음으로 글리코겐을 분해하는 등의 탄수화물 대사를 비롯해 근육세포에서 칼슘이온을 저장하거나 칼슘이온을 소포체 내강으로 펌프질하는 것도 활면소포체에서 이루어집니다. 또 한 가지, 해독작용도 이루어지는데, 독성물질에 수산기(−OH)를 붙여서 물에 더 잘 용해되도록 함으로써 독성물질이 밖으로 쉽게 배출되게 합니다.

조면소포체는 막결합리보솜을 갖고 있으며, 소포체 안으로 합성되어 들어오는 단백질에 탄수화물을 연결하여 당단백질을 합성합니다. 그리고 단백질의 3~4차 구조가 완성됩니다. 3차 구조를 만들 때 나타나는 이황화결합도 형성합니다. 그리고 단백질의 품질관리가 이루어집니다. 활면소포체와 조면소포체의 기능이 다르다고 설명했기 때문에 흔히들 두 소포체를 물리적으로 분리된 기관으로 오해할 수 있는데, 실제로 조면소포체와 활면소포체는 하나로 연결된 소포체이며 막결합리보솜이 부착하였는지의 여부에 따라 두 가지를 구분하는 것입니다.

여기서 주목해야 할 부분은 소포체에서 일어나는 단백질의 품질관리입니다.

단백질의 품질관리에 대해 좀 더 구체적인 예를 들어보겠습니다. 소포체에 있어야 하는 단백질, 골지체에 있어야 하는 단백질, 리소좀에 있어야 하는 단백질, 세포막에 존재해야 하는 단백질, 분비되는 단백질 등 모든 단백질이 소포체를 통해서 나갑니다. 이는 앞서 언급한 바와 같이 세포 외부를 제외하고는 모두 내막계에 속한 세포소기관들입니다. 소포체로 들어온 단백질들은 당화나 이황화결합 등을 통해 3~4차 구조를 완성해야 하는데 구조가 제대로 잡히지 않는다면 단백질이 소포체에 오랫동안 머무르며 구조를 제대로 잡기 위해 노력합니다. 하지만 그런 노력에도 불구하고 실패하게 되면 소포체를 빠져나가지 못하고 세포질로 다시 이동하여 분해되고 맙니다.

그러니까 세포막에 존재하는 단백질이 구조가 잘못 잡힌 상태로 존재하게 되면 마치 세균과 같은 외부 침입자가 들어왔을 때 우리 몸이 면역반응을 일으키는 것과 마찬가지로 구조를 제대로 잡지 못한 단백질을 갖고 있는 세포는 제거됩니다. 한번 생각해봅시다. 구조가 잘 잡히지 않아 기능을 제대로 수행하지 못

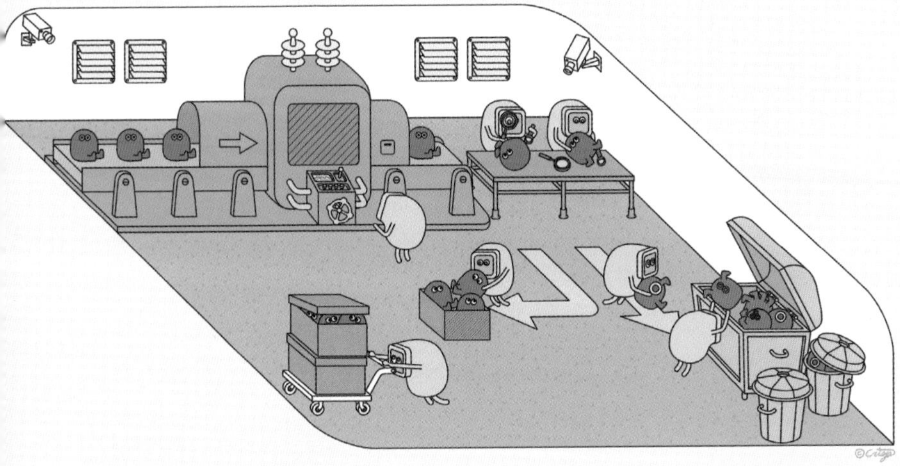

단백질의 품질관리 소포체에서 구조가 잡힌 단백질은 소낭에 담겨 골지체로 가고 구조가 잡히지 않은 단백질은 폐기된다. 세포 내 소포체는 내막계 단백질이나 분비되는 단백질의 합성이 완성되는 곳이다. 이곳에서 합성된 단백질의 구조가 완성되며 구조가 제대로 잡히지 않은 단백질들은 품질관리를 통해 고쳐지거나 제거된다.

biology inside

단백질 품질관리

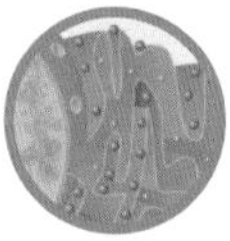

단백질에는 N–연결 당사슬과 O–연결 당사슬이 있다. N–연결 당사슬은 아스파라진 아미노산에, O–연결 당사슬은 세린이나 트레오닌 아미노산에 공유결합을 통해 연결된다. 당사슬은 그 구조가 다양하기 때문에, 각각의 당사슬이 가진 구조 자체가 세포와 세포, 세포와 병원체, 세포와 독소 등이 결합될 때 중요한 역할을 수행한다. 가령 조류독감 바이러스는 조류의 특정 당사슬 분자와는 잘 결합하지만, 구조가 다른 인체의 당사슬 분자와는 결합하지 못한다. 이처럼 당사슬의 구조는 당사슬이 제대로 기능하는 데 매우 중요한 부분이다.

특히 소포체에서 N–연결 당화가 시작되는데, 세포막에 존재하거나 분비되는 당단백질의 구조를 올바르게 잡아주는 일이 소포체 내에서 이루어진다. 만약 세포막에 구조가 잘못 잡힌 당단백질이 자리 잡게 되면 면역계가 그 세포를 외부 침입자로 인식하게 공격하게 된다. 따라서 구조를 잘못 잡은 당단백질을 제대로 구조를 잡을 수 있게 하거나 소포체 내에서 제거하는 것을 단백질의 품질관리라고 한다. 이런 단백질의 품질관리는 현재 세포학에서 관심이 지대한 핵심 주제 중 하나다.

하는 단백질이 계속 분비되어 쌓인다면 어떻게 될까요? 우리 혈액은 쓰레기통이 될 것입니다. 그런 일이 생기지 않는 것은 구조가 잘 잡히지 못한 단백질들이 소포체를 벗어나지 못하기 때문입니다. 이처럼 조면소포체는 단백질의 품질관리라는 막중한 역할을 담당하고 있습니다.

골지체는 소포체로부터 온 단백질을 당화라는 과정을 거쳐 단백질의 기능을 완성시키고 리소좀(식물에서는 중심액포), 세포막 또는 외부로 단백질을 분류하여 소낭으로 포장해서 보내는 곳입니다. 조면소포체에서 만들어진 단백질은 수송 소낭에 들어간 후 골지체로 갑니다. 그러니까 조면소포체에서 품질관리가 된 단백질들만이 골지체로 운반됩니다.

• 골지체

골지체Golgi complex를 자세히 살펴보면 여러 가지 납작한 주머니들을 볼 수 있는데, 이렇게 골지체는 납작한 빵 덩어리같이 보이는 납작한 막으로 된 소낭 '시스테나'로 이루어져 있습니다. 이것들을 시스 골지, 미디얼 골지, 트랜스 골지로 구분할 수 있

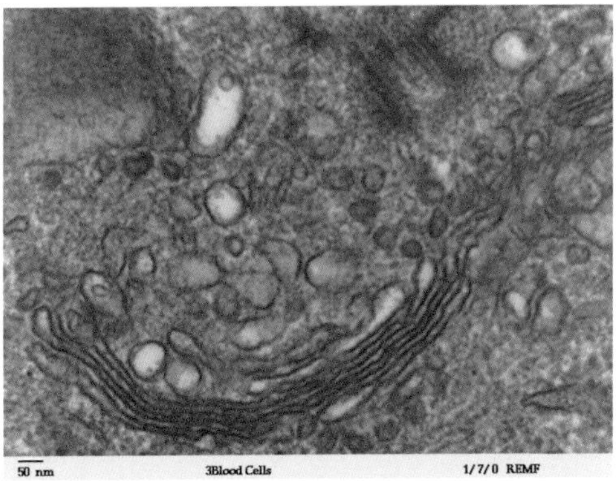

골지체는 시스 골지, 미디얼 골지, 트랜스 골지로 구분할 수 있다.

습니다. 시스 골지의 시스cis면은 소포체로부터 온 소낭을 받아들이는 면인데, 이 시스 면으로 들어와서 트랜스trans 골지의 트랜스 면으로 나갑니다. 여기서의 트랜스 면은 목적지에 따라 나뉘어진 단백질을 소낭에 싸서 내보내는 면을 말합니다. 그 중간에 있는 면을 미디얼medial면이라고 합니다. 이렇게 구분하는 이유는 각각의 골지에 존재하는 효소가 다르고 하는 일도 다르기 때문입니다. 골지에는 당 사슬을 구성하고 있는 당을 잘라주거나 다른 당을 연결시키는 효소들이 존재합니다. 골지체의 가장 중요한 임무는 바로 당 사슬의 모양을 완성하는 일입니다. 골지체는 소포체에서 완성된 단백질들을 소낭을 통해 내보내는데 이들 소낭들은 서로 융합되어 시스 골지를 형성합니다. 형성된 시스 골지는 미디얼 골지로 변하고 미디얼 골지는 트랜스 골지로 변하게 됩니다. 여기서 변한다는 말이 좀 이상할 것입니다. 방금 골지체의 중요한 임무는 바로 당 사슬의 구조를 완성하는 일이라고 했습니다. 이를 완성하기 위해서 각각의 골지에는 그들만의 효소가 필요한데, 이 효소들이 소낭에 싸여 바로 전 단계의 골지로 이동하는 현상이 발견되었습니다. 즉, 조금 전에 만들어진 시스 골지는 곧바로 미디얼 골지로 변하게 되는데 이는 미디얼 골지에 있는 효소들이 소낭에 싸여 시스 골지로 이동하였기 때문입니다. 또한 미디얼 골지는 트랜스 골지로 되는데 이

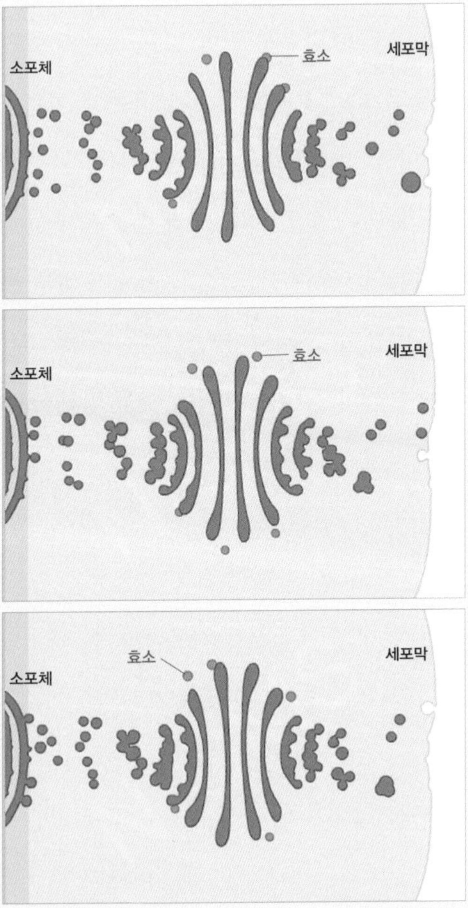

©National Institute of General Medical Sciences

효소가 움직이는 방향은 단백질이 움직이는 방향과 정반대다.

동영상을 보려면 QR 코드를 스캔해보세요.

는 트랜스 골지에 있던 효소들이 소낭에 싸여 미디얼 골지로 이동했기 때문입니다. 그럼 마지막에 있는 트랜스 골지는 효소가 전부 사라지게 되고 이때에 트랜스 골지는 완성된 단백질들을 소낭으로 이동시켜 세포막이나 리소좀(식물에서는 중심액포)으로 단백질을 보내게 되는 것입니다. 브레펠딘 A brefeldin A라는 물질을 세포에 투여하면 골지가 사라지고 골지에 있던 효소들이 모두 소포체에서 발견됩니다. 이 물질은 투여되면 소포체에서 구조를 잡은 단백질들이 소낭에 싸이는 것을 방해하기 때문에 시스 골지가 형성되지 못하게 하지만, 트랜스 골지로부터 소포체로 거꾸로 이동하는 소낭의 형성은 계속 작용하기 때문입니다.

방금 말한 것처럼 두 번째로 골지체가 맡은 중요한 일은 트랜스 골지로 온 완성된 단백질을 잘 분류하여 마지막 목적지까지 내보내는 일입니다. 말하자면 트랜스 골지는 우체국 같은 곳입니다.

골지체에 관한 내용은 매우 중요해서 다시 언급하겠습니다. 실제로 단백질들이 시스면에서 트랜스면으로 내보내지는 모습을 관찰하면, 골지체가 하나의 굳어진 형태로 존재하는 것이 아니라는 것을 알 수 있습니다. 골지체는 굉장히 역동적으로 변모하는 모습을 보여줍니다. 여기서 중요한 것은 앞서 말한 것처럼 시스 골지에서 하는 일, 미디얼 골지에서 하는 일, 트랜스 골지에서 하는 일이 저마다 다르다는 점입니다. 즉 효소가 다릅니다. 효소가 움직이는 방향은 단백질이 움직이는 방향과 정반대입니다. 트랜스 골지에 효소가 뽑혀서는 미디얼 골지로 가고, 그 미디얼 골지에서 효소가 뽑혀서는 시스 골지로 갑니다.

• **리소좀**

리소좀은 가수분해 담당 기관으로, 가수분해효소가 있으며, 모든 종류의 거대분자를 분해할 수 있는 세포소기관입니다. 이 기관의 pH는 5.0입니다. 세포질이나 세포의 pH는 7.2가량이기 때문에, 바로 옆에 있는 세포소기관과의 pH 농도 차이가 100배나 됩니다. 세포소기관 중에 pH가 가장 높은 곳(수소이온농도가 낮은 곳)은 미토콘드리아의 내막 안쪽 기질입니다. 그곳의 pH는 8.0 정도로, ATP를 만들기 위해 전자전달계에 의해 프로톤(proton, 수소 양이온) 펌프가 계속해서 일어나면서 프로톤을 내막 바깥쪽으로 내보냅니다. 리소좀의 pH 농도와 미토콘드리아의 내막의 수소 양이온의 농도 차이는 무려 1000배입니다. 그 조그만 공간 안에 수소 양이온의 농도 차이가 1000배가량 난다는 것은 실로 놀랄 만한 일입니다.

대표적으로 이 리소좀에서는 외부의 물질을 받아들여 소화시키는 식세포 작용이 일어납니다. 즉 외부에서 들어온 물질을 분해하는 것입니다. 리소좀은 식포와 합쳐져서 분자를 분해합니다. 외부에서 세균들이 침입하면 대식세포는 식세포 작용으로 침입한 세균을 처리한 후 세균으로부터 유래된 항원 조각을 표지하여 후천성 면역 반응이 일어나게 합니다. 간세포는 망가져서 못 쓰는 혈액단백질들을 받아들여서 분해해버리는데, 이는 수용체 매개 세포 내입 작용에 의해 일어나며 곧바로 이렇게 만들어진 소낭은 리소좀과 융합되어 일어납니다.

또한 막에 존재하는 단백질의 수명은 영원한 것이 아닙니다. 단백질은 시간이 흐를수록 계속 손상되기 때문에 계속 바꿔치기가 이루어집니다. 많이 손상된 단백질을 리소좀으로 보내서 없애는 것입니다. 또한 자기 자신의 소기관이나 거대분자를 분해하여 재활용하는 자가소화작용도 일어납니다. 망가진 세포소기관이 있다고 할 때, 세포는 이렇게 망가진 것들을 분해해버립

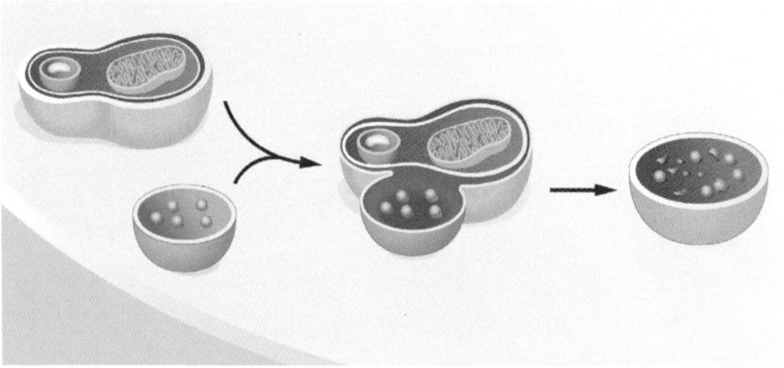

리소좀에서는 외부의 물질을 받아들여 소화시키는 식세포 작용이 일어난다.

니다.

그럼 가수분해효소들은 어떻게 리소좀으로 가게 되는 것일까요? 리소좀으로 보내라는 신호는 탄수화물에 들어 있습니다. 이는 세포소기관으로 가는 신호들이 거의 대부분 아미노산의 특정한 배열이었던 것과는 다른 형태입니다. 탄수화물 가운데 6번째 탄소에 인산기가 붙어 있는 만노오스-6-인산이 리소좀 이행신호가 됩니다. 앞서 말한 것처럼 리소좀 단백질들은 소포체에서 만들어지는데, 시스 골지에서 만노오스-6-인산이 형성되며 트랜스 골지에 만노오스-6-인산을 인식하는 수용체가 있어 이들이 리소좀으로 이동하는 소낭에 담아 보내지는 것입니다.

리소좀에 문제가 생기면 인간에게는 아주 심각한 질병을 일으킵니다. 리소좀 저장 질병을 물려받은 사람들의 세포들은 리소좀 가수분해효소의 기능이 결핍되어 있습니다. 어떤 특정 리소좀 효소가 결핍되면 분해되지 못한 물질이 리소좀 안에 축적되고 이는 리소좀의 대사를 방해하거나 다른 세포 기능을 방해합니다.

또한 이런 리소좀과 관련된 질병은 50여 개의 효소가 모두 잘못되어서 나타나는 것이 아니라, 그중 단 하나가 잘못되어서 나타납니다. 대부분 태어나기도 전에 죽지만, 태어나더라도 대개 2년을 넘기기가 어렵습니다. 어떤 효소가 부족한지 미리 파악하여 효소를 넣어주면 치료하는 것이 가능하기는 하지만, 이 방법은 일반 사람들은 감당하기 어려울 만큼의 비용이 드는 치료 방법입니다. 대표적인 질환으로는 테이-샥스 병이 있습니다. 이 질환은 리소좀에 존재해야 하는 지질 분해 효소가 없거나 비활성화되어 있고 이는 뇌에 지질의 축적을 유도합니다. 리소좀 관련 질병으로는 I-세포 병, 헌터세포 병 등 50여 개의 서로 다른 질병들이 있습니다.

비내막계 세포소기관

비내막계 세포소기관은 핵, 미토콘드리아, 엽록체, 퍼옥시좀입니다.

• 액포

액포는 다양한 유지 기능을 수행하는 소기관입니다. 식물이나 곰팡이는 하나 혹은 몇 개의 액포를 갖고 있습니다. 식포는 식세포 작용에 의해 형성됩니다.

중심액포는 성숙한 식물세포에 존재하며 물과 유기화합물을 갖고 있습니다. 가수분해를 담당하는 동물세포의 리소좀과 같은 기능을 수행합니다.

동물에 존재하는 액포로는 수축포가 있습니다. 수축포는 민

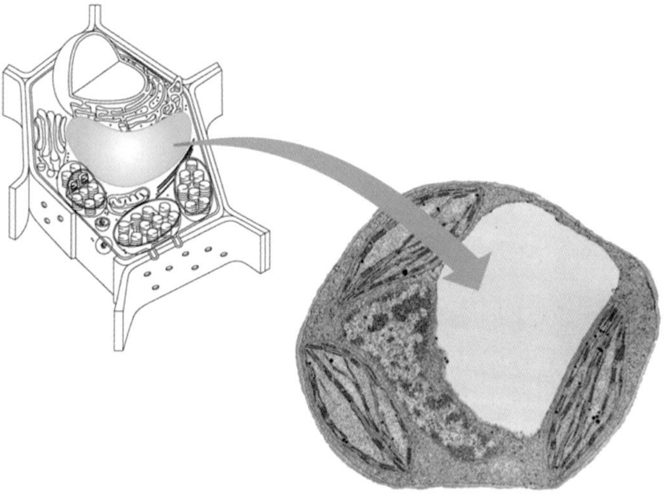

식물세포 원형질 속에는 수용액을 가득 채운 액포가 있다.

물에 사는 많은 원생생물에 존재하는 것으로, 몸속의 과다한 물을 펌프해서 내보냅니다. 원생생물은 민물에서 살기 때문에, 세포질보다 농도가 낮은 물이 원생생물 안으로 계속 들어옵니다. 수축포는 이렇게 물이 많이 들어오면 수축해서 물을 쭉 짜냅니다.

• **퍼옥시좀**

퍼옥시좀은 단일막으로 둘러싸인, 특화된 대사와 관련된 기관입니다. 카탈라아제에 의해 과산화수소를 물과 산소로 바꿉니다. 베타옥시데이션을 통해 지방산을 조그만 물질인 아세틸 CoA로 만들고 이를 새로운 지방산을 만드는 데 사용합니다. 퍼옥시좀은 산화와 관련이 있지만, 에너지 생산과는 관련이 없는 소기관입니다.

• 미토콘드리아와 엽록체

미토콘드리아는 세포 호흡을 하는 장소이고, ATP를 생산합니다. 엽록체는 식물과 조류에서 발견되며 광합성을 하는 장소입니다. 미토콘드리아와 엽록체는 다음과 같은 공통점을 갖고 있습니다. 내막계에 속하지 않고, 이중막을 갖고 있으며, 환형인 DNA 염색체가 존재하고, 그들만의 리보솜이 있으며, 에너지를 만듭니다. 또 미토콘드리아와 엽록체의 리보솜은 세포질에 있는 리보솜과 다르며, 대부분의 단백질은 핵에 있는 유전자로부터 전사되어 세포질에서 완성된 후 신호에 의해 수송됩니다.

미토콘드리아는 모든 진핵세포에서 발견됩니다. 굴곡이 없는 외막과 굴곡이 많은 크리스타cristae 형태의 내막이 있습니다. 내막은 내외막사이공간과 미토콘드리아 기질이라는 두 개의 구역을 만듭니다. TCA(크랩 회로 또는 시트르산 회로)는 기질에서 일어납니다. 크리스타는 효소들이 있는 지역의 표면적을 넓게 하기 위해서 굴곡이 많은데, 이들 효소들은 ATP 합성에 관여하는 효소들입니다. 외막에는 구멍이 있어 작은 물질이 자유롭게 통과합니다.

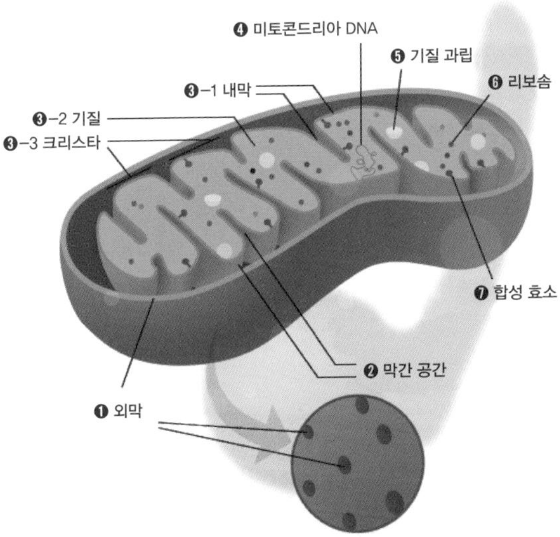

미토콘드리아는 ATP를 생산하는 세포소기관이다.

그러면 ATP가 만들어지는 장소는 어디일까요? ATP를 만드는 효소는 내막에 있습니다. 앞서 언급한 것처럼 세포소기관 중에 pH가 가장 높은 곳도 바로 이 미토콘드리아의 기질입니다. 수소 양이온(H^+)은 내막의 전자전달계를 통해 계속 바깥쪽으로 내보내집니다. 그러면 바깥쪽은 수소 양이온의 농도가 높아지고 안쪽은 낮아집니다. 안쪽과 바깥쪽의 농도 차이는 열역학 제2 법칙인 엔트로피의 법칙이 작용하게 합니다. 농도 차이를 이용해서 수소 양이온이 ATP 합성효소ATP synthase를 통해 기질로 들어오면 기질 안에 ATP가 만들어집니다.

이제 빛에너지를 얻는 엽록체를 한번 살펴보기로 하겠습니

광합성 생명체가 사용하는 모든 에너지는 태양으로부터 얻게 된다. 우리 지구상에 존재하는 모든 생명체는 태양으로부터 발생하는 빛에너지를 사용하여 살아가고 있다. 식물은 엽록체에서 물과 이산화탄소를 사용하여 태양의 빛에너지를 담고 있는 포도당으로 만들며 생명체는 포도당을 섭취함으로써 바로 태양의 빛에너지를 생명현상을 유지하는데 사용하고 있는 것이다.

다. 엽록체는 틸라코이드thylakoid막에 초록색 색소인 엽록소를 갖고 있으며 스트로마stroma에는 광합성에 관여하는 많은 효소들을 갖고 있습니다. 엽록체는 잎에서 발견되고, 조류나 식물의 초록색 기관에서 발견됩니다. 엽록체에는 명반응과 암반응이라는 두 가지 반응이 일어나는데, 명반응은 빛으로부터 ATP를 만드는 반응을 가리키고, 암반응은 이산화탄소와 물과 명반응 때 만들어진 ATP를 사용해서 포도당을 만드는 반응을 가리킵니다.

여기서 우리는 그 무엇보다 광합성이라는 놀라운 현상에 눈길을 줄 필요가 있습니다. 과연 무엇을 광합성이라고 하는 것일까요? 광합성이란 태양에너지를 우리가 사용할 수 있는 포도당으로 만들어놓는 것을 말합니다. 즉, 동물은 빛에너지를 먹는 것입니다. 이 과정을 매개하는 것이 바로 광합성과 세포 호흡입니다.

에너지는 두 가지로 나눌 수 있습니다. 하나는 운동에너지이고, 다른 하나는 잠재에너지(물리학 분야에서는 위치에너지라고 함)입니다. 그러면 질문을 하나 던져보겠습니다. 태양에너지는 운동에너지를 갖고 있을까요, 아니면 잠재에너지를 갖고 있을까요? 광자 또한 매우 작은 질량을 갖는 입자입니다. 태양으로부터 광자가 빛의 속도로 지구를 향해 달려왔으므로 운동에너지를 갖고 있을 것입니다. 엽록소에는 광수용체가 있어서 엽록소의 전자는 빛의 속도로 달려온 광자의 에너지를 받게 됩니다. 이렇게 에너지를 받게 되면 전자는 핵에서 먼 쪽의 전자껍질로 한 단계 올라가게 됩니다. 엽록소에 존재하는 전자가 빛에 의해 들뜬 상태가 되는 것입니다. 다른 말로 하자면 열역학 제1법칙인 에너지보존의 법칙에 따라 운동에너지가 잠재에너지로 바뀌는 것입니다. 그러나 이런 들뜬 상태는 불안정한 상태입니다. 전자는 이렇게 들뜬 상태로 있으려고 하지 않습니다. 엽록소에서는 잠재에너지를 써서 기공을 통해 수소 양이온(H^+)을 안쪽으로 집어넣는 일이 일어납니다. 에너지를 써서 수소 양이온을 그라나를 구성하고 있는 틸라코이드막 안쪽으로 집어넣는 것입니다. 이렇게 되는 것은 좁은 공간에 수소 양이온이 밀집해 있는 것이므로 엔트로피가 감소한 것이라고 할 수 있습니다. 즉 무질서도가 감소하는 것입니다. 즉 빛에너지에 의해 들뜬 전자가 갖고 있던 잠재에너지를 사용하여 열역학 제2법칙에 위배되는 행위를 한 것입니다. 무질서도가 증가하는 자연법칙을 위반하는 것, 즉 무질서도가 감소하는 행위를 할 때에는 반드시 에너지가 필요합니다. 전자가 들뜬 상태에서 안정한 위치로 돌아올 때 방출한 에너지를 사용한 것입니다. 그런데 틸라코이드막 안쪽에 수소 양이온이 몰려 있고 바깥쪽은 수소 양이온 농도가 낮게 될 때 틸라코이드막 사이에는 다시 수소 양이온 농도 차에 의한 잠재에너지가 생깁니다. 즉 에너지가 보존된다는 열역학 제1법칙을 다시 생각해봅시다. 에너지는 새로 생성되지도 없어지지도 않고 다만 형태만 바뀐다고 했습니다. 즉, 빛에너지는 전자를 들뜨게 하는 에너지로 바뀌었고 전자를 들뜨게 한 에너지는 다시 틸라코이드막 안과 바깥에 수소 양이온 농도 차를 이용한 잠재에너지를 형성하게 한 것입니다. 이럴 때 수소 양이온의 입장에서 보면 무질서도가 증가하는 방향 쪽으로 가고 싶어하는 경향이 있습니다. 그리고 수소 양이온이 틸라코이드막 바깥 쪽으로 나가는 과정을 통해 ATP가 만들어집니다. 광합성을 다룰 때 열역학 제1법칙과 제2법칙을 얘기하는 것은 바로 이 현상 때문입니다.

스트로마에는 캘빈회로가 있습니다. 이 캘빈회로는 이산화탄소와 물을 이용해 포도당을 만드는 회로입니다. 탄소의 결합만을 보면, 포도당이 만들어지려면 탄소 6개가 결합해야 하고, 이렇게 6개의 탄소가 공유결합으로 결합되려면 에너지가 필요합니다. 이 에너지는 명반응에서 만들어진 ATP를 이용해서 만듭니다. 결과적으로 태양에너지는 광합성을 통해 포도당 안으로 들어가는 것입니다.

그러면 우리 몸은 어떤 과정을 거쳐 포도당에서 에너지를 얻는 것일까요? 동물이 포도당을 분해하여 에너지ATP를 얻는 것을 세포 호흡이라고 할 수 있는데, 이 세포 호흡은 해당작용, TCA

회로, 산화적 인산화를 통해 이루어집니다. 해당작용은 세포질에서, TCA회로는 미토콘드리아의 기질에서, 산화적 인산화는 미토콘드리아 내막에서 일어납니다.

먼저 해당작용을 한번 보겠습니다. 탄소 6개가 결합된 포도당(C_6)이 탄소 3개가 결합된 피루브산(C_3)으로 바뀌면서, 2분자의 피루브산, $2NADH^+2H^+$, 그리고 2개의 ATP를 만듭니다. 이렇게 6개의 탄소 결합이 3개의 탄소 결합으로 바뀌면서 포도당을 만들 때 사용한 빛에너지가 우리가 사용하게 되는 ATP 에너지로 만들어지는 것입니다.

그리고 산소가 있는 경우(산소 호흡), 생성된 피루브산이 미토콘드리아 기질로 가서 TCA회로를 돌게 됩니다. TCA회로에서 일어나는 과정을 따라가보면, 피루브산에서 한 분자의 이산화탄소가 떨어져나가고 조효소A(CoA)와의 결합을 통해 아세틸 CoA(C_2)로 산화됩니다. 그리고 계속 TCA회로를 돌면서 아세틸 CoA(C_2)가 시트르산(C_6)으로, 다시 α-케토글루타르산(C_5)으로, 다시 석신산(C_4)으로, 다시 말산(C_4)으로, 다시 옥살아세트산(C_4)으로 전환되면서 이산화탄소를 전부 방출하게 됩니다. 이 과정에서 ATP와 $FADH_2$, $NADPH^+H^+$가 생성되는 것입니다.

TCA회로를 돌면서 생성된 $NADPH^+H^+$와 $FADH_2$는 미토콘드리아 내막에서 일어나는 전자전달과 화학 삼투를 통해, 즉

산화적 인산화를 통해 ATP가 만들어지는 것입니다.

지금까지 여러 가지 세포소기관과 그것들의 기능을 살펴보았습니다. 세포의 소기관들이 어떤 역할을 해내는지, 어떤 과정을 통해 빛에너지가 생명체가 쓸 수 있는 에너지로 바뀌는지, 그리고 세포에서는 유기물을 어떻게 에너지로 바꾸는지를 찬찬히 살펴보다 보면, 생명 시스템의 정교함을 실감할 수 있을 겁니다.

• **세포골격**

마지막으로 살펴볼 것은 세포골격입니다. 세포골격은 섬유들의 그물망 구조로 세포 내의 구조와 활동을 조직화합니다. 세포골격은 세포질 전체를 관통하는 섬유단백질의 네크워크입니다. 세포의 구조와 활동을 조직화하고 많은 세포소기관을 부착시킵니다. 세 가지 형의 세포골격이 있는데, 미세소관, 미세섬유, 중간섬유가 그것입니다.

세포골격의 주된 역할 세 가지는 지지(모양 유지), 운동성, 조절입니다. 세포골격은 운동단백질과 연결되면 이동성이 생깁니다. 세포 내에는 세포골격에 의해 마련된 모노레일을 따라 소낭들이 이동하게 됩니다. 세포소기관의 수용체에 붙는 운동단백질은 소기관이 미세소관이나 미세섬유를 따라 이동할 수 있게 하는데, 이때 ATP가 필요합니다.

조진원

연세대학교 시스템생물학과

단백질 변신의 중요성 1부

2부 세포로의 여행

당생물학과 글라이코믹스 3부

4부 생물학자와 함께하는 상상초월 토크 콘서트

왜 MIT에서는 21세기를 이끌어갈 10대 신기술로 글라이코믹스를 선정하였을까? 이 강의는 학생들에게 새로운 연구 분야인 글라이코믹스 분야의 연구 결과를 학생들이 이해하기 쉽도록 설명할 예정이다. 글라이코믹스는 당에 대한 종합적인 연구 분야이다. 최근 신종플루로 유명해진 항바이러스제 타미플루도 세포막 바깥층에 있는 당구조를 변형해 합성한 것이며, 글라이코믹스 분야의 연구 결과로 만들어진 것이다.

3부

달콤한 생명과학

당생물학과 글라이코믹스

달콤한 생명과학이라니 이게 무슨 말일까요? 달콤하다고 한 이유는 당을 다루기 때문입니다. 아마 당생물학과 글라이코믹스glycomics라는 말을 처음 접하는 사람도 있을 겁니다. 당생물학은 탄수화물의 기능과 구조를 연구하는 학문으로 글라이코바이올로지glycobiology라고도 불리며, 글라이코믹스는 어떤 생물체에 존재하는 전체 탄수화물에 대해 총체적으로 연구하는 것을 말합니다. 글라이코믹스의 '글라이코'는 당을, '-omics'는 어떤 집합을 뜻합니다. 또 하나 중요한 용어는 단백질 '번역 후 수식화post-

당단백질   내분비되는 단백질이나 내막계에 존재하는 당단백질은 소포체와 골지체를 거치는 동안 단백질에 당 사슬이 연결된다. 당사슬의 구조는 매우 다양하며 다양한 구조는 당사슬마다 독특한 기능을 갖게 될 수 있다.

translational modification'라는 용어인데, 단백질이 만들어지고 난 다음에 어떤 특정 아미노산에 어떤 분자가 연결되는 것을 말합니다. 당화Glycosylation 역시 수많은 단백질 '번역 후 수식화' 가운데 하나이며 그 종류는 굉장히 많습니다. 가장 대표적인 것으로는 N-연결 당사슬이 있습니다. 아스파라진 아미노산의 곁가지에 당사슬이 달라붙는 것이고 그 종류는 상당히 많습니다. 세린이나 트레오닌 아미노산 수산기에 당사슬이 붙으면 O-연결 당사슬이라고 합니다. 당단백질인 프로티오글라이칸의 세린에 굉장히 많은 탄수화물들이 달라붙어서 당화가 되는 것도 있습니다. GPI 결합 당단백질은 GPI라는 지질에 단백질이 붙고 탄수화물이 붙어서 당화가 되는 것을 말합니다. 여기까지 언급한 당화는 모두 소포체와 골지체를 통하면서 이루어지는 일입니다. 골지체의 가장 중요한 기능이 바로 당화를 완성하는 일이며, 트랜스 골지에서는 단백질을 분류해서 알맞은 장소로 보내는 일을 진행합니다. 하리알유론산 같은 경우는 분비되어서 나가기도 하는데, 이렇게 분비되어서 나가는 단백질의 대부분은 당화되어 있는 경우가 굉장히 많습니다.

세포질과 핵에서 일어나는 지금까지 밝혀진 유일한 당화인 *O*-글루넥*O*-GlcNAc화는 단백질의 세린와 트레오닌에 *O*-글루넥이 붙습니다. 이 당화는 단백질의 인산화에 영향을 줄 수 있기

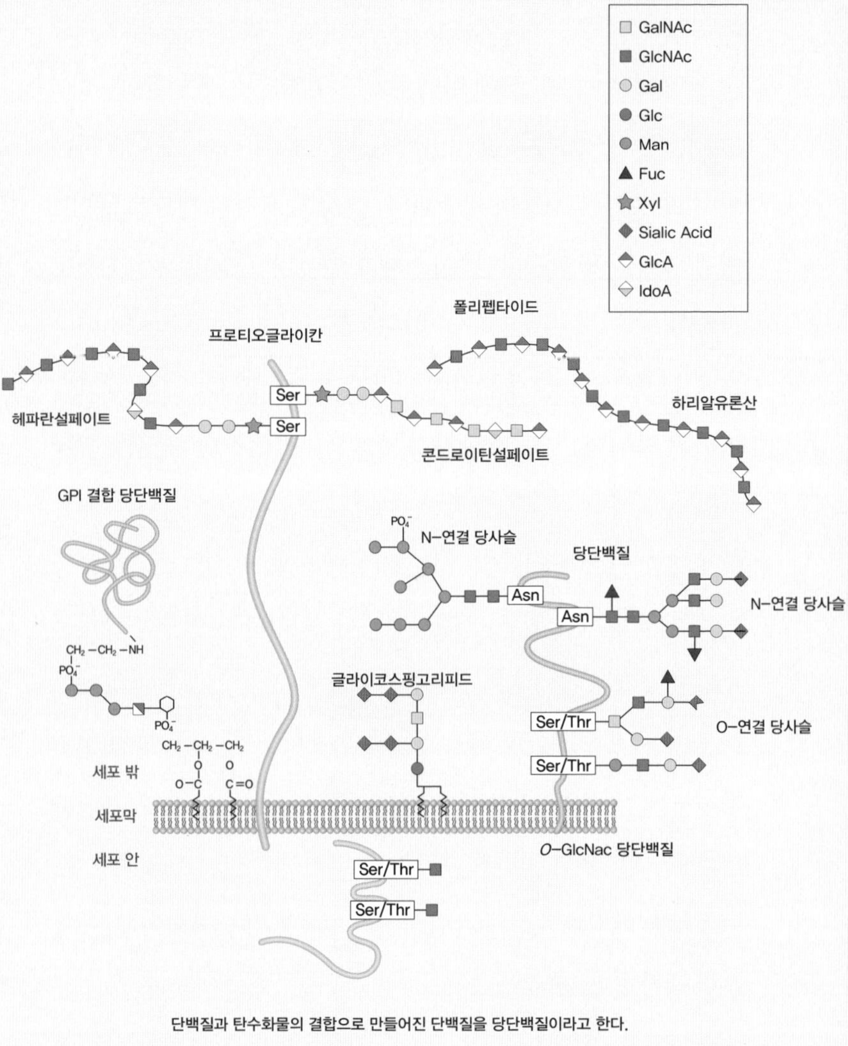

단백질과 탄수화물의 결합으로 만들어진 단백질을 당단백질이라고 한다.

때문에 세포 신호전달에 지대한 영향을 미칠 수 있습니다. 이러한 이유로 현재 *O*-글루넥 당단백질과 관련된 연구가 활발하게 진행되고 있습니다.

달콤하고 끈적끈적한 당

세포에는 바이러스, 암세포, 호르몬, 효소, 항체, 당단백질, 당지질, 렉틴, 독소, 세균 등이 상호작용을 통해 달라붙을 수 있습니다. 가령 헬리코박터 파일로리Helicobacter pylori라는 위암을 유발하는 세균은 표면에 있는 단백질을 이용하여 위벽에 존재하는 특정 당사슬 수용체를 인식하여 위벽에 달라붙습니다.

여기서 잠깐 수용체에 대해 좀 더 알아볼까요?

구제역을 일으키는 바이러스가 돼지를 감염시킬 수는 있지만 인간을 감염시키지 못하는 이유는 인간의 세포에 구제역 바이러스가 달라붙을 만한 수용체가 없기 때문입니다. 또 다른 예를 들면, 사람이 깜짝 놀라면 소름이 돋거나 요의가 사라지는데 이것은 에피네프린이라는 호르몬이 작동해서입니다. 에피네프린은 간에 있는 수용체에 달라붙어 글리코겐을 글루코오스(포도당)로 만드는 호르몬입니다. 그런데, 깜짝 놀랄 만한 상황에서는 에너지를 많이 만들어야 하므로 소름이 돋거나 요의가 사라지는 일이 생기는 것입니다. 그런데 이 에피네프린이라는 호르몬은 인간의 모든 세포에 달라붙을 수 있는 것이 아니라 이 호르몬을 인식하는 수용체가 있는 곳에서만 달라붙을 수 있습니다.

구제역 바이러스와 에피네프린 호르몬의 사례를 든 이유는 수용체의 구조가 독특하다는 것을 얘기하기 위해서입니다.

탄소화합물은 굉장히 많은 정보를 지니고 있습니다. 예를 들어, 아미노산이 두 개가 있다고 해봅시다. 하나는 세린 아미노산이고, 다른 하나는 트레오닌 아미노산입니다. 이 두 개의 아미노산이 만들 수 있는 구조는 두 개밖에 안 됩니다. 세린-트리오닌, 트리오닌-세린, 이 두 개입니다. 핵산의 하나인 DNA의

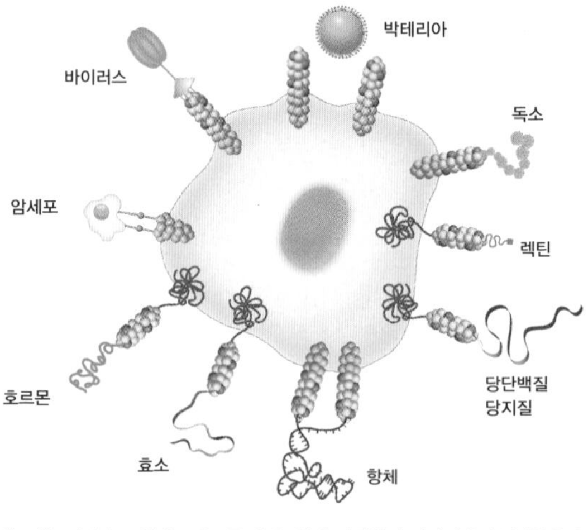

세포에는 바이러스, 암세포, 호르몬, 효소, 항체, 당단백질, 당지질 등이 달라붙을 수 있다.

염기 중에서 A와 T가 만들 수 있는 것도 A-T와 T-A, 이 두 개뿐입니다. 그러나 포도당 2개가 만들 수 있는 구조는 매우 다양합니다. 포도당은 알파 포도당과 베타 포도당이 있습니다. 이것들로 만들 수 있는 구조는 11가지입니다. 즉 탄수화물은 아미노산이나 핵산이 가지고 있는 정보보다 훨씬 많은 정보를 만들 수 있는 것입니다. 만약 정보 저장을 할 때 탄수화물을 이용하게 된다면 상상을 초월할 정도로 많은 정보를 표시할 수 있게 될 것입니다. 물론 이것은 먼 훗날의 얘기입니다. 인간의 과학기술이 훨씬 더 발달했을 때, 어떤 특이적인 정보를 보관하는 데 탄소화합물을 가지고 시도한다면 훨씬 방대한 양의 정보를 저장할 수 있게 될 것입니다.

질병과 당생물학

타미플루는 초기 독감 치료제입니다(이것을 만든 사람은 한국인 과학자이자 다국적 제약회사 길리어드의 부사장인 김정은 박사입니다). 타미플루가 어떻게 작용하는지를 살펴보면 당생물학이 어떤 학문인지를 짐작할 수 있을 겁니다.

독감 바이러스가 H1N1이라고 할 때, 여기서의 H는 헤마글루티닌Hemagglutinin의 약자이고, N은 뉴라미니다아제Neuraminidase의 약자입니다. 그래서 H와 N에는 여러 가지 타입이 있기 때문에, H1N1이라고 하면 H는 1번 타입이고 N도 1번 타입이라는 뜻입니다. 헤마글루티닌은 세포 표면의 당단백질 말단에 있는 사이알산Sialic acid. Neuraminic acid라고도 불림과 결합됩니다. 헤마글루티닌이 사이알산과 결합하면 세포 내입을 통해 독감 바이러스가 세포 안으로 들어오게 됩니다. 세포 안의 독감 바이러스가 가장 먼저 만나는 것은 가수분해 효소가 있어서 우리 몸의 청소부 역할을 하는 리소좀입니다. 그런데 문제는 독감 바이러스가 리소좀에 의해 없어지지 않는다는 데 있습니다. 독감 바이러스가 리소좀과 결합하면 도망쳐 나올 수 있는 융합단백질fusion protein이

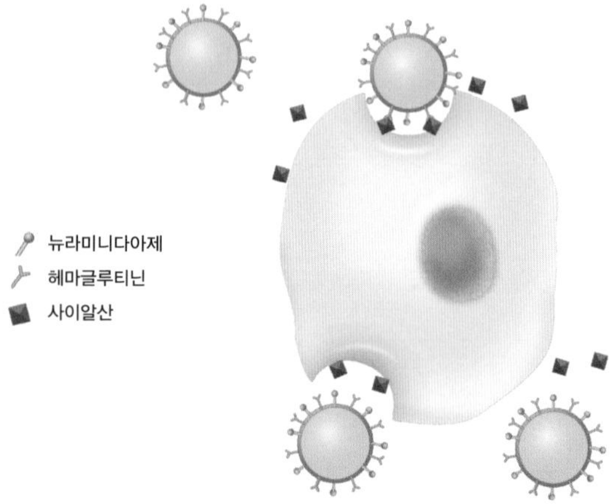

독감 치료제는 바이러스의 당단백질인 헤마글루티닌과
뉴라미니다아제가 기능하지 못하게 하는 것을 목표로 한다.

작동하기 때문에, 독감 바이러스는 리소좀에 의해 분해되지 않고 빠져 나옵니다. 이 독감 바이러스가 증식할 때 감염된 세포막에 존재하는 사이알산에 새로 만들어진 독감 바이러스가 달라붙게 되어 방출하지 못하게 되는데 이때 독감 바이러스에 있는 사이알산을 잘라주는 효소인 뉴라미니다아제(사이알산 절단효소)가 작동하여 사이알산을 잘라주게 됩니다.

타미플루가 하는 역할은 뉴라미니다아제가 사이알산을 잘라주지 못하게 하는 것입니다. 타미플루가 초기 독감에 효과가 큰 반면, 이미 한참 바이러스가 증식한 사람에게는 효과가 없다는 것은 이 때문입니다. 바이러스의 수가 많지 않을 때에 타미플루는 작동을 잘하지만, 바이러스의 수가 너무 많아지면 타미플루는 소용 없어집니다.

위암의 원인균인 헬리코박터 파일로리는 위벽에 붙어 있으면 위염과 위궤양을 일으키다가 결국엔 위암을 일으키는데, 이 원인균이 위벽에 붙을 수 있는 것은 위벽 세포에서 어떤 특정한 구조의 당사슬을 인식하기 때문입니다. 현재 과학자들은 이 당사슬의 구조를 파악했지만, 이 당사슬을 합성하는 기술이 너무나도 어렵기 때문에 아직 합성되지 않은 상황입니다. 만약 당사슬을 합성해서 위 속에 집어넣게 되면, 헬리코박터 파일로리와 경쟁함으로써 위벽에 달라붙지 못한 헬리코박터 파일로리는 쓸

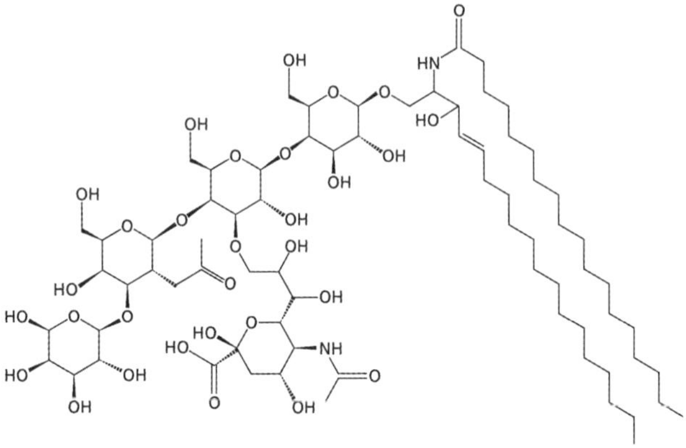

갱글리오사이드 GM1

려 내려가게 될 것입니다.

콜레라 독소는 세포막에 있는 갱글리오사이드 GM1에 달라붙는 특성을 갖고 있습니다. GM1은 세라마이드라고 하는 지질을 갖고 있고, 여기에 글루코오스, 갈락토오스, N-아세틸갈락토사민N-Acetylgalactosamine 등이 달라붙어 있는 구조를 지녔습니다. 갱글리오사이드에는 GM1 외에도 GD3, GM1A, GD2 등 종류가 굉장히 많은데, 콜레라 독소는 다른 것에는 달라붙지 못하고 갱글리오사이드 GM1에만 달라붙습니다. 이는 당사슬이 만든 구조가 매우 독특하다는 것을 보여주는 단적인 예입니다.

간에 존재하는 아시알로당단백질수용체asialoglycoprotein receptor는 사이알산sialic acid이 존재하지 않는 당단백질을 인식해서 붙을 수 있는 수용체를 말합니다. 여기서 기억해야 할 것은 N-연결 당사슬의 말단이 대부분 사이알산으로 끝나고, 사이알산의 바로 앞에 있는 탄수화물은 갈락토오스라는 점입니다.

그럼 어떤 일이 일어나는지 쉽게 설명해보겠습니다. 우리 몸속에서 분비된 혈액 속 단백질의 수명은 굉장히 짧습니다. 다른 말로 하면 낡은 단백질은 계속 제거되고 새로운 단백질이 계속 만들어져 분비되는 것입니다. 이렇게 빨리 바뀌는 이유는 시간이 지날수록 단백질이 손상을 입기 때문입니다. 그런데 망가진 단백질을 치우지 않으면 우리 혈액은 쓰레기통이 될 것입니다. 그래서 망가진 단백질을 간에서 처리합니다. 간에는 아시알로당단백질수용체가 있는데, 이 수용체는 사이알산이 존재하지 않는 당단백질을 붙잡습니다. 새로 만들어진 단백질은 당사슬 끝에 사이알산이 붙어 있을 확률이 높고, 오래된 단백질은 당사슬의 끝에 사이알산이 잘릴 확률이 굉장히 높기 때문입니다. 아시알로당단백질수용체는 당단백질의 갈락토오스를 붙잡고, 이 당단백질은 간세포 속으로 이입됩니다. 이렇게 세포내입된 당단백질은 세포 안에서 리소좀을 만나게 되고, 리소좀은 이를 분해시켜버립니다.

이런 작용 원리는 유전자 전달이나 약물 전달에 충분히 응용할 수 있는 원리들입니다. 가령 지금 사용하고 있는 항암제는 암세포뿐 아니라 정상세포까지 공격하는 치료제이지만, 새로운

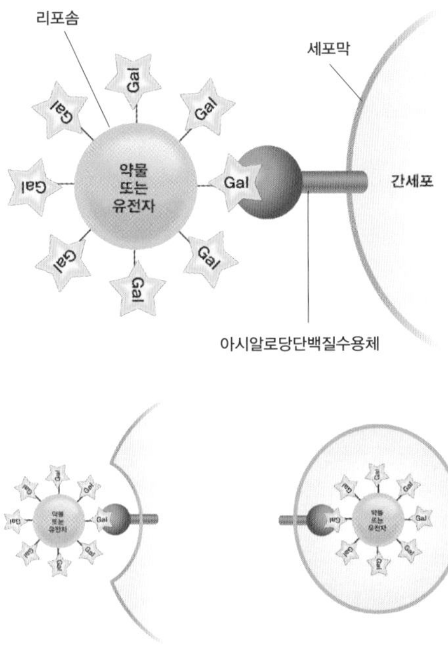

특정 암세포의 표면에만 발현되는 분자를 발견한 후,
이 분자를 인식하는 항체를 개발한다면 획기적인 암 치료제가 될 것이다.

약물 전달 방법이 개발되어 항암제가 암세포에게만 전달된다면 획기적인 치료제가 될 수 있을 것입니다. 이 치료제는 마치 크루즈미사일처럼 정상세포는 공격하지 않고 암세포만 공격하는 치료제가 될 수 있습니다. 정상세포에는 없지만 특정 암세포의 표면에만 발현되는 분자를 발견하게 되면 이 분자를 인식하는 항체 등을 개발하여 약물 전달이나 유전자 전달에 사용할 수 있습니다. 예컨대 갈락토오스가 붙어 있는 당사슬이 리포솜(인지질 이중층으로 되어 있는 동그란 소낭) 표면에 있고 그 리포솜 안에 유전자 또는 약물을 함유하게 하여 주사를 놓게 되면 이 리포솜은 간세포로만 전달될 것입니다. 현재 많은 신약 개발이 진행되고 있는 중이며, 암의 종류도 제각각이고 수용체도 다 특이하기 때문에 신약 개발의 잠재성은 짐작할 수 없으리만치 아주 큽니다.

ABO 혈액형과 당생물학

당생물학은 ABO혈액형과 어떤 관련이 있을까요? 적아세포증을 한번 살펴봅시다. 예컨대 Rh^{-}인 여자와 Rh^{+}인 남자가 결혼을 해서 Rh^{+}인 첫째 아이를 낳은 다음 둘째를 임신했을 때, 둘째가 Rh^{+}라면 태아가 사산하는 상황이 발생합니다. 이것은 엄마로부터 Rh^{+}에 대한 항체가 태반을 통해서 태아로 들어가기 때문입니다. 이를 적아세포증이라고 합니다.

그러면 왜 A형 엄마가 B형 아기를 낳을 때는 이런 일이 일어나지 않는 것일까요? 그것은 항체가 태아 안으로 들어가지 못하기 때문입니다.

좀 더 구체적으로 설명하자면, Rh^{-}인 엄마가 혈액형이 Rh^{+}인 첫째 아기를 가졌을 때 만드는 항체의 종류는 IgM인데, IgM은 항체의 크기가 굉장히 크기 때문에 태반을 통과하지 못하는 반면 혈액형이 Rh^{+}인 두 번째 아기를 갖게 되면 엄마는 Rh^{+}에 대한 IgG 항체를 만드는데 이는 작기 때문에 태반을 통과합니다. 태아는 면역체가 구성되지 않았기 때문에 엄마의 항체를 제공받아 면역을 갖게 되는데, 이런 엄마의 IgG 항체가 뱃속에 있는 둘째 아기에게 들어가면 태아가 죽게 됩니다.

A형, B형, O형 혈액형의 경우 탄수화물 항원을 모두 제각각 갖고 있지만 이 항원은 오로지 IgM만 만듭니다. 이 IgM은 크기가 크기 때문에 태반을 통과할 수가 없습니다. 그래서 엄마와 아기의 혈액형이 달라도 전혀 문제가 되지 않습니다.

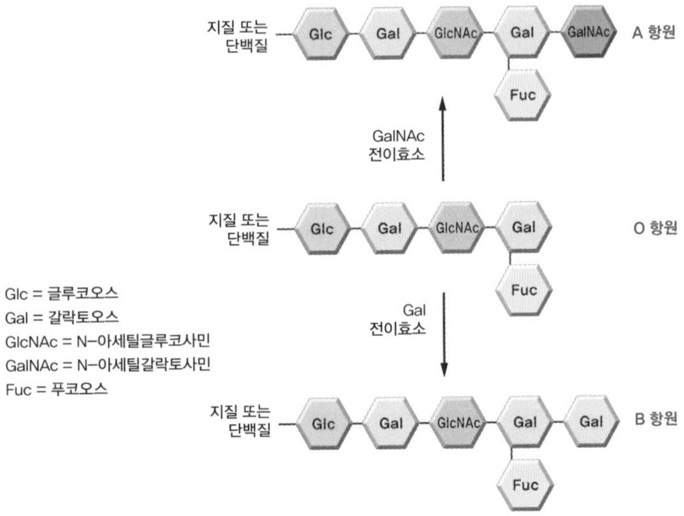

A형, B형, O형 혈액형은 각기 다른 항원을 갖고 있다.

A형, B형, O형 혈액형의 구조를 보면, 각기 다른 항원을 갖고 있습니다. A형, B형, O형은 비슷하기는 하지만, A형에는 N-아세틸갈락토사민이라고 하는 탄수화물이 하나 더 붙어 있고, B형에는 갈락토오스라는 탄수화물이 하나 더 붙어 있습니다. 다른 탄수화물이 붙은 까닭은 A형 유전자는 N-아세틸갈락토사미닐전이효소N-acetylgalactosaminyl-transferase라는 효소를 만들게 하고, B형 유전자는 갈락토실전이효소galactosyl transferase라는 효소를 만들게 하기 때문입니다. O형 유전자에는 효소를 만들게 하는 유전자가 포함되어 있기는 하지만 단백질 합성을 중지하게 하는 정보가 단백질로 번역될 때 바로 나오기 때문에 기능을 수행하는 효소가 만들어지지 않고, 그래서 A형과 B형과 달리 탄수화물이 달라붙지 않습니다.

A형, B형, O형의 유전자 염기서열을 분석해서 아미노산으로 치환해보면, 아미노산 4개 정도의 차이밖에 나지 않습니다. 다시 말하자면 O형 유전자의 경우는 A형과 B형 유전자의 염기서열과 거의 같지만, 딱 한 가지가 다릅니다. O형도 DNA 정보를 통해 mRNA를 만드는데, 다만 리보솜이 붙어 단백질 합성을 시작할 때 바로 단백질 합성을 정지시킵니다. 즉, mRNA까지는 만들어지는데 단백질 합성은 진행되지 않는 것입니다.

암세포와 당화

당사슬은 암세포와 많이 관련되어 있습니다. 악성종양의 경우에 당사슬은 엄청나게 변형됩니다. 정상인과 암 환자의 당사슬을 비교해보면, 암 환자의 당사슬이 많이 바뀌어 있다는 것을 확인할 수 있습니다. 당사슬이 굉장히 복잡해질 뿐 아니라 달라붙은 가지도 많아집니다. 그중에 가장 많이 연구되고 있는 것이 글루넥전이효소–V[GlcNAcT-V]입니다.

글루넥전이효소–V 효소는 중간에 가지를 하나 더 만들어주고, 그러면 다양한 구조의 당사슬이 나오게 됩니다. 즉 글루넥전이효소–V의 발현이 증가함에 따라, 암세포로부터 유래된 당단백질의 당사슬이 좀 더 복잡해지게 되는 것입니다. 각종 암 유발 인자들은 글루넥전이효소–V 유전자의 발현을 증가시키며, 이 유전자가 발현되면 암의 전이가 촉진됩니다. 반대로 이 효소의 활성이 사라지면 암의 전이가 사라지게 됩니다. 그래서 많은 연구자들이 글루넥전이효소–V를 제어함으로써 암을 치료하는 방법을 찾고 있습니다.

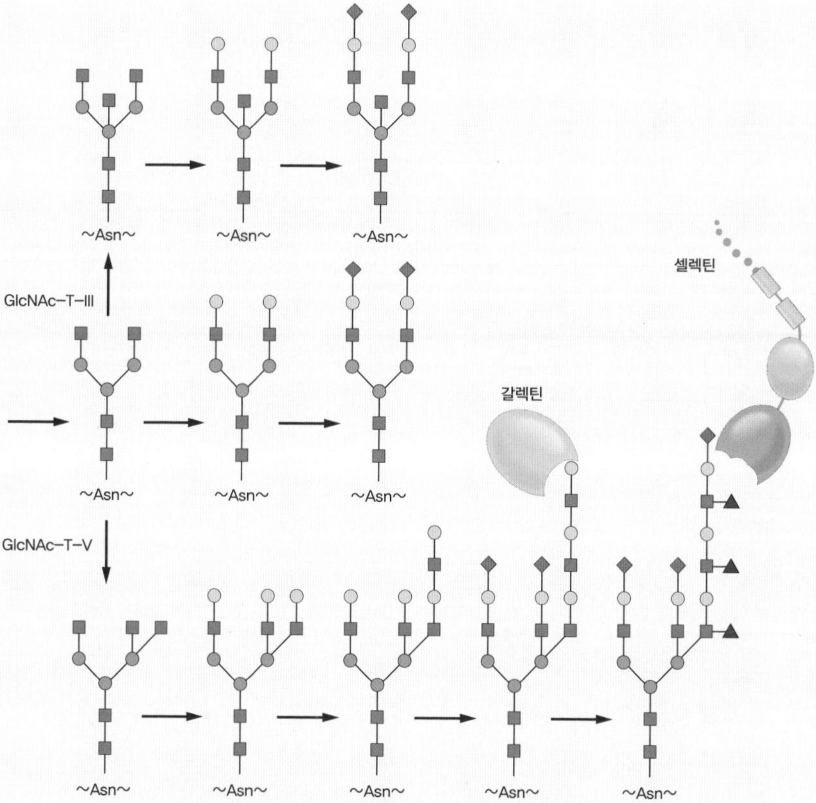

당사슬은 암세포와 많이 관련되어 있는데, 악성종양 환자의 경우 당사슬이 굉장히 많이 변형된 것을 확인할 수 있다.

당화가 중요한 이유

그러면 당화는 왜 중요할까요? 지금까지의 생명과학은 유전자, 유전체, 단백질을 중요하게 다뤘습니다. 그런데 최근 과학계는 유전체 또는 단백체만이 생명체의 기능을 결정하는 것이 아니라는 사실을 받아들이기 시작했습니다. 유전정보에 의해 만들어진 단백질은 혼자서는 일을 하지 못하고 당화가 되어야지만 일을 하는 경우가 너무나 많았기 때문입니다. 당화, 즉 여러 단백질에 탄수화물이 붙어 있는 현상이 생명체가 올바른 생명현상을 나타내는 데 중요하다는 사실이 하나둘씩 밝혀졌던 것입니다. 그 중요성이 날로 커짐에 따라, 지난 2003년 MIT에서는 당화, 당생물학, 글라이코믹스를 세계를 변화시키는 10대

세상을 변화시키는 10대 신기술

1 뇌-무선 센서 네트워크	6 분자 영상
2 주입식 조직 엔지니어링	7 나노 임프린트 리소그래피
3 나노 태양전지	8 소프트웨어 인증
4 메카트로닉스	9 글라이코믹스
5 그리드 컴퓨팅	10 양자 암호 생성 기술

※ 출처 : MIT의 〈테크놀로지 리뷰Technology Review〉, 2003.

MIT는 10대 신기술(2003)에 당화, 당생물학, 글라이코믹스를 포함시킨 바 있다.

신기술에 포함시킨 바 있습니다.

당화는 소포체에서 단백질의 3~4차 구조를 결정하는 데 중요하고, 질병의 진단마커로도 매우 중요하며, 신호전달체계 조절에도 주목해야 하는 현상입니다.

당화의 종류는 단백질이 어떻게 붙어 있는가에 따라 두 가지 종류로 나뉩니다. 하나는 N-당화이고, 다른 하나는 O-당화입니다.

당사슬의 합성 경로는 굉장히 복잡합니다. 세포질와 소포체 안에서 벌어지는 당사슬 합성 경로를 한번 들여다봅시다. 아래 그림에서 3단계와 4단계 사이에 2개의 글루넥과 5개의 만노오스를 붙인 당사슬이 보이는데, 4단계에서 세포질의 당사슬이 뒤집어지면서flip 소포체 안으로 들어갑니다.

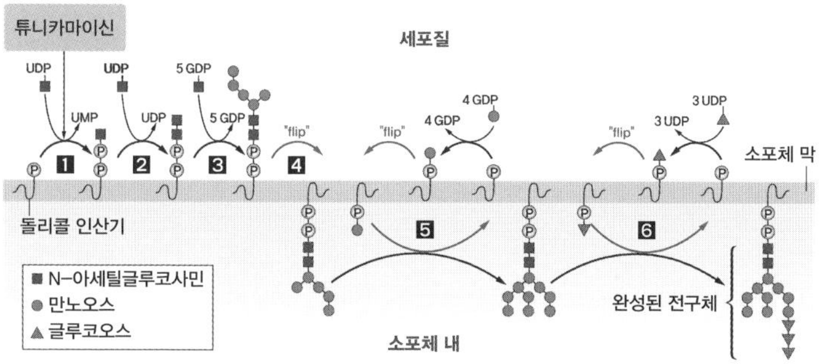

당사슬의 합성 경로는 4단계에서 5단계로 갈 때 세포질의 당사슬이 뒤집어지는 등 굉장히 복잡하다.

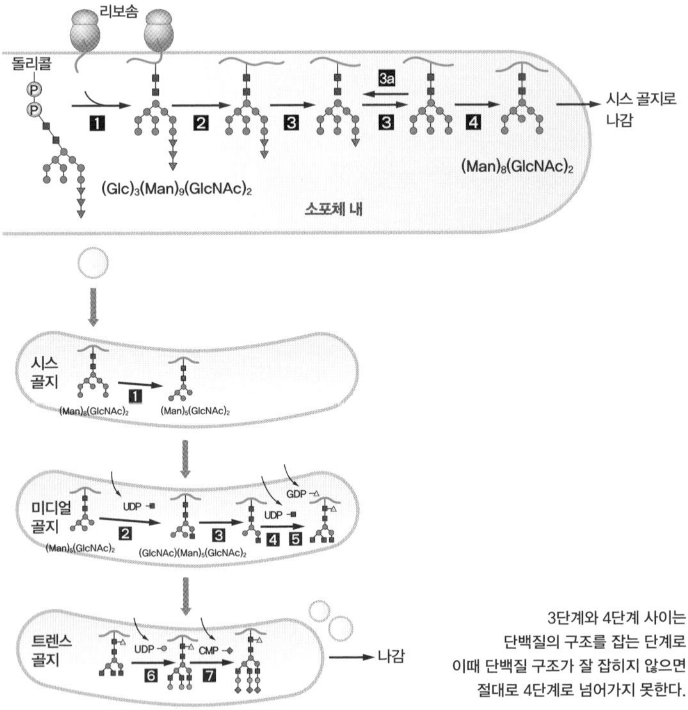

3단계와 4단계 사이는
단백질의 구조를 잡는 단계로
이때 단백질 구조가 잘 잡히지 않으면
절대로 4단계로 넘어가지 못한다.

이 현상에 여러분들도 여러 가지 의문이 들 겁니다. 왜 밖에서 만든 다음에 안으로 집어넣는 식으로 복잡하게 이루어지는 것일까요? 2개의 (−)전하와 수산기를 가진 친수성 분자가 어떤 에너지를 이용해 소수성인 막을 통해서 안으로 들어가는 것일까요? 당사슬이 뒤집어지는 것을 도와주는 단백질은 무엇일까요? 실제로 당사슬이 뒤집어지는 것을 도와주는 단백질을 찾으려고 애쓰는 과학자들도 있습니다. 최종적으로 만들어진 것은 2개의 인산기, 2개의 글루넥, 9개의 만노오스, 3개의 글루코오스로 이루어진 당사슬입니다.

단백질이 소포체ER 안으로 들어오면 아스파라진 아미노산에 N-당화가 일어납니다. 아무 아스파라진에 N-당화가 일어나는 것은 아닙니다. 아스파라진-X-세린 또는 트레오닌이라는 이 세 가지 아미노산 서열이 있을 때 아스파라진에 N-당화가 일어나게 됩니다.

그런데 이렇게 최종적으로 만들어진 당사슬에서 글루코오스 3개가 순차적으로 잘리는 희한한 일이 벌어집니다. 글루코오스 하나를 붙이기 위해 사용한 에너지를 생각하면 이해하기 힘든 일입니다. 글루코오스 하나가 30개가 넘는 ATP를 만든다는 것을 생각해보면 더욱 이상한 일입니다. 그리고 3단계와 4단계 사이에서, 3~4단계를 왔다 갔다 하는 단계가 끼어 있습니다. 이 단계가 바로 단백질이 구조를 잡는 단계입니다. 그래서 단백질의 구조가 잘 안 잡히면 절대로 4단계로 넘어가지 못한 채, 다른 경로를 통해서 나가서 분해되어 사라지게 됩니다.

소포체에서 N-연결 당사슬의 기능을 일단 봅시다. N-연결 당사슬은 단백질이 올바른 구조를 갖게 합니다. 소포체로 단백질이 합성되어 들어올 때 이황화결합과 N-연결 당사슬의 합성은 서로 경쟁하게 됩니다.

3차 구조를 만들 때 관여하는 결합으로는 이황화결합과 네

가지 비공유결합이 있습니다. 이황화결합이 일어나는 아미노산은 시스테인입니다. 시스테인과 시스테인 사이에 -S-S-결합이 일어나면서 산화가 되는 것이 바로 이황화결합입니다. N-연결 당사슬의 합성과 이황화결합은 소포체로 단백질이 들어올 때 이루어지는데, 이 둘은 서로 경쟁하는 현상을 보여줍니다. 예를 들어 아스파라진-X-세린 또는 트레오닌이 있는 N-연결 당화 신호가 5개가 있음에도 불구하고 3개밖에 없으면, 그 중간에 이황화결합을 이루어 N-연결 당화가 방해받았을 수 있을 것이라고 가정해볼 수 있습니다. 실제로 시스테인을 다른 아미노산으로 치환시키면 당사슬의 개수가 늘어나는 것을 확인할 수 있습니다. 시스테인이 많은데도 이황화결합이 많이 일어나지 않았을 경우에도 N-연결 당화가 일어나는 아스파라진 아미노산을 다른 아미노산으로 치환시키면 이황화결합이 많이 일어납니다. 이는 단백질이 제대로 된 구조를 잡기 위해 서로 경쟁하고 있다는 것을 뜻합니다.

다음으로 소포체에서는 N-연결 당사슬에 의해 단백질의 품질관리가 이루어집니다. 마치 공장에서 부품들의 품질관리를 하듯이, 세포라는 공장도 품질관리를 합니다.

예컨대, 단백질은 소포체를 통해서 골지체를 거쳐 세포막으로 가는데, 세포막으로 간 단백질이 구조가 이상한 단백질이라

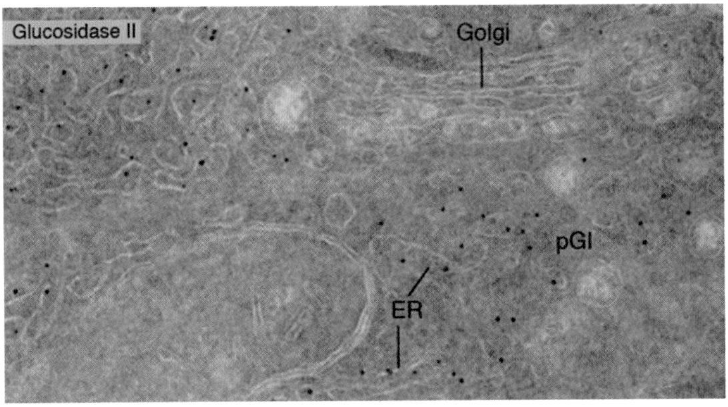

면역 금 기술을 이용한 투과현미경 사진으로, 소포체 안에 있는 글루코시다아제 II 효소를 관찰할 수 있다.

면 우리 몸은 이것을 외부 침입자로 인식해서 마구 공격합니다.

즉, 분비단백질이나 세포막에 존재하는 단백질은 올바르게 구조를 잡아야 합니다. 특히 세포막에 존재하는 단백질이 잘못된 구조를 갖게 되면 면역계가 자신의 세포를 외부 침입자로 인식하여 세포를 공격하고 죽이게 됩니다. 따라서 소포체에서는 단백질의 구조를 확인하여 올바르게 구조를 잡는 것을 골지체로 이동시킵니다. 이 과정을 단백질의 품질관리라고 합니다.

만약 구조가 잘못된 것들이 계속해서 분비되어서 혈액 안에 쌓이면 어떻게 될까요? 그러면 우리 몸은 곧 쓰레기통이 되어버릴 것입니다.

위 사진은 면역 금immunogold 기술을 이용한 투과현미경 사진입니다. 소포체 안에 있는 까만 점들을 볼 수 있습니다. 이 까만 점들은 글루코시다아제 II Glucosidase II 효소입니다. 글루코오스를 잘라주는 효소입니다. 이 효소는 소포체 안과 골지형성전구체 Pre-Golgi-Intermediates 에서 단백질 품질관리를 담당합니다.

우리 몸에서는 지금도 소포체에서 구조를 잘못 잡은 단백질을 없애고 있습니다. 최근에는 쓸모없는 단백질을 모아서 없애는 새로운 과정이 밝혀졌습니다. 지금까지는 상상도 못했던 일입니나. 우리 몸 안에 쓰레기통이 있다니! 병에 걸린 사람뿐 아니라 정상적인 사람들 몸에서도 소포체에서 구조를 잘못 잡은 단백질들이 굉장히 많이 만들어지고 있고, 우리 몸의 쓰레기통은 그것을 계속 없애고 있습니다.

이에 대해 지금 두 부류의 연구가 진행되고 있습니다. 하나는 망가진 단백질의 탄수화물 구조가 달라서 이런 것들이 소포체에서 세포질로 이동하여 프로테아좀에 의해 분해된다고 설명하는 쪽입니다. 망가져야 하는 단백질의 라이신에 유비퀴틴 단백질이 달라붙은 다음, 이것이 단백질을 아미노산으로 분해하는 프로테아좀이라는 곳으로 옮겨진다는 설명입니다. 다른 하나는 자가소화작용에 의해 없어진다고 설명하는 쪽입니다. 후자는 리소좀과 망가진 단백질이 뭉쳐진 것을 자가소화작용으로 없애버린다는 설명입니다. 이 두 이론은 지금 서로 옥신각신하고 있는 중입니다. 아니면 두 가지 기작이 동시에 존재하든지요.

많은 연구자들이 구조가 잘못 잡힌 단백질이 프로테아좀 쪽으로 갈 것이라고 믿고 있습니다. 그러나 최근 소포체로부터 유래된 잘못 구조를 잡은 단백질들을 담은 소낭의 막이 사라지는 것이 발견되었고, 그 막을 분해하는 그 효소를 찾았습니다. 그 효소의 활성을 막는 저해제를 사용해보았더니 막이 사라지지 않았습니다. 구조를 잘못 잡은 단백질들을 담고 있는 소낭의 막이 사라지면 단백질에 붙어 있던 N-연결 당사슬이 세포질에 존재하는 효소에 의해 잘리게 되고 이 단백질들은 소수성 효과에 의해 서로 막 엉겨 붙습니다. 그러면 자가소화작용autophagy을 통해 이것들이 사라지게 됩니다.

단백질이 잘못 구조를 잡아 생기는 질환으로는 낭포성섬유증, 선천성 신성 요붕증, 알파-1-안티트립신결핍증, 파브리

당사슬이 잘못되어 생기는 질환

- 성장저하failure to thrive
- 정신장애psychomotor retardation
- 저혈압hypotonia
- 소뇌형성저하증cerebellum hypoplasia
- 조화운동불능ataxia
- 호르몬 이상hormonal disorders
- 간질epilepsy
- 사팔뜨기strabismus
- 응고장애coagulation disorders
- 조직섬유증tissue fibrosis

당사슬이 잘못되어 생기는 질환으로는 소뇌형성저하증, 조직섬유증 등이 있다.

병, 선천성 녹내장, MODY 당뇨병, 선천성 갑상선기능저하증, 골형성부전증, 치매 등입니다.

또 당사슬이 잘못되어 생기는 질환으로는 성장저하, 정신장애, 저혈압, 소뇌형성저하증, 조화운동불능, 호르몬 이상, 간질, 사팔뜨기, 응고장애, 조직섬유증 등 굉장히 많습니다. 당사슬 연구는 생화학 분야에 남아 있는 미개척지라고 할 수 있을 만큼, 해야 할 연구가 산적해 있습니다. 지금 당사슬 연구에 뛰어든 연구자가 많지 않아서, 여러분이 해도 절대 늦지 않습니다. 사실 생명과학은 지금 정점에 있는 것처럼 보이지만, 아직도 시작 단계입니다.

O-글루넥 연구

그럼 이제부터 제가 연구하고 있는 분야인 *O*-글루넥O-GlcNAc을 다뤄보고자 합니다. 앞서 얘기했지만 대부분의 당사슬은 세포막을 경계로 세포 바깥쪽에서 발견되지만, *O*-글루넥 당단백질은 세포질이나 핵처럼 세포의 안쪽에서 만들어지는 유일한 당화입니다. 사슬을 이루는 것이 아니라 탄수화물 단 하나가 단백질에 달라붙는 것입니다. *O*-글루넥을 처음 발견한 사람은 미

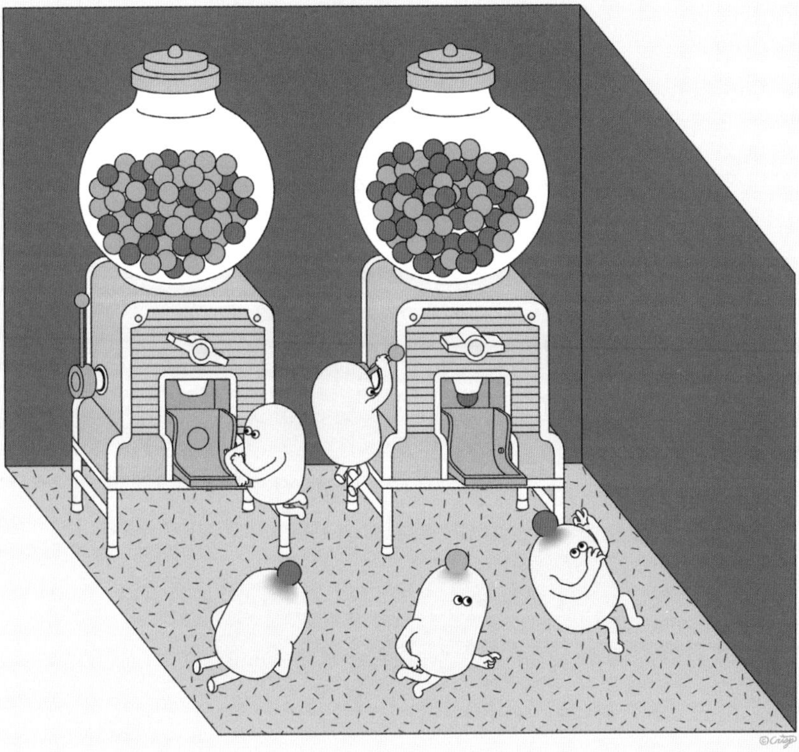

***O*-GlcNAc 수식화와 인산화** 세포 내에서 발견된 *O*-GlcNAc 수식화는 인산화가 일어나는 아미노산 세린과 트레오닌에 연결될 수 있기 때문에 세포가 처한 상태에 따라 *O*-GlcNAc이 붙을 수도 있고 인산이 붙을 수 있다. 어떤 분자가 단백질에 연결되느냐에 따라 단백질의 구조가 달라지기 때문에 같은 단백질이라 할지라도 기능이 달라질 수 있다.

제럴드 하트 미국 존스홉킨스 의과대학 교수

국 존스홉킨스 의과대학의 생화학과 주임교수인 제럴드 하트 Gerald Hart 교수입니다. 1984년 제럴드 하트 교수는 *O*-글루넥을 쥐 세포의 핵공에서 최초로 발견했습니다. 이 *O*-글루넥의 발견은 앞으로 노벨상이 수여될 가능성이 매우 높은 발견 중 하나입니다. *O*-글루넥 수식화에는 두 개의 효소가 작용합니다. 하나는 단백질에 *O*-글루넥을 붙여주는 효소 OGT*O*-GlcNAc transferase이고, 다른 하나는 제거하는 효소 OGA*O*-GlcNAcase입니다.

그러면 *O*-글루넥이란 무엇일까요? *O*-글루넥 수식화는 세린이나 트레오닌의 수산기에서 이루어지는데, UDP-글루넥 UDP-GlcNAc이 *O*-글루넥 전이효소의 작용에 의해 수산기에 첨가되는 반응을 일컫습니다. 여기서 UDP-글루넥은 글루코오스, 글루타민, 아세틸-CoA, 유리딘, ATP 등 영양물질들이 합작해

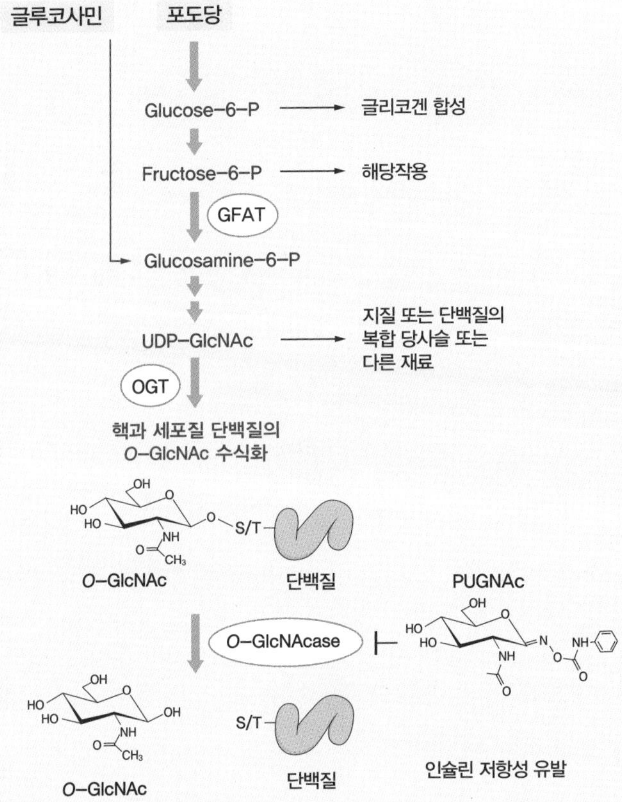

우리 몸속에 들어오는 포도당의 3%는 UDP-글루넥을 만드는 데 활용된다.

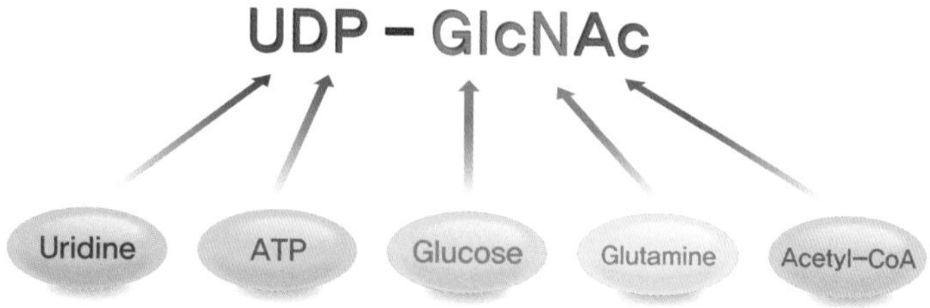

O-글루넥화는 세포의 영양 상태를 대변해준다.

서 만듭니다. 이 물질들은 모두 영양과 관련 있는 것으로 *O*-글루넥화는 세포의 영양 상태를 대변해준다고 할 수 있습니다.

우리 몸속에 들어온 포도당의 97%는 해당작용과 세포호흡을 통해 ATP 또는 세포의 물질들을 만드는 데 사용되거나 글리코겐을 합성하는 데 사용됩니다. 3% 정도는 UDP-글루넥을 만드는 데 활용됩니다. 그리고 이 UDP-글루넥이 *O*-글루넥을 만드는 재료로 쓰입니다.

그러면 *O*-글루넥은 왜 중요할까요? 인산화는 세포 신호전달에 꼭 필요합니다. 어떤 자극에 의해서 일어나는 일련의 신호전달 과정에는 꼭 인산화가 관여하는데, 이 인산화가 이루어지는 부위는 세린과 트레오닌입니다. *O*-글루넥 수식화가 일어나는 곳이 세린과 트레오린이라는 것을 상기해보면, 인산화와 *O*-글루넥 수식화가 서로 같은 자리를 놓고 경쟁한다는 것을 짐작해볼 수 있습니다. 즉, *O*-글루넥 수식화와 인산화는 서로에게

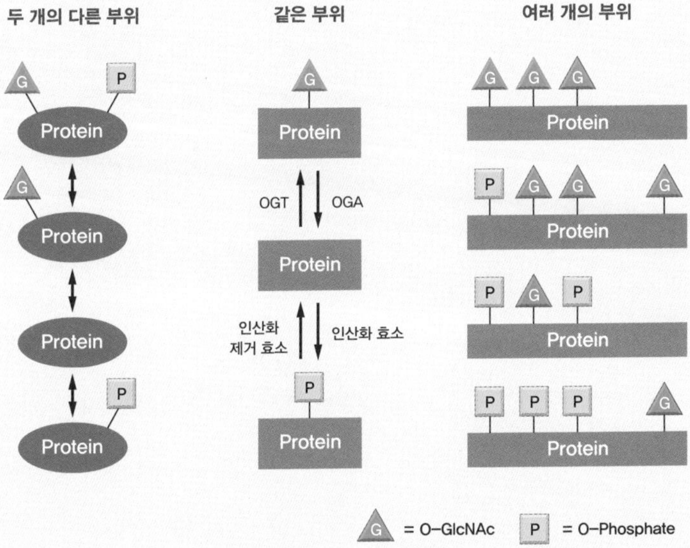

O–글루넥 수식화와 인산화는 서로에게 영향을 미친다.

영향을 미칩니다.

이 두 개의 수식화는 서로 다른 부위에서 일어날 수도 있고, 같은 부위를 놓고 *O*-글루넥 수식화와 인산화 중 하나가 일어날 수도 있고, 여러 부위에서 서로 경쟁하는 경우도 있습니다. 이렇게 인산화와 *O*-글루넥 수식화의 경쟁 관계에 대한 연구는 함축하는 의미가 큽니다. 이것은 몇몇 기존의 신호전달 연구의 결과가 잘못 해석됐다는 것을 선언하는 연구, 즉 세상을 깜짝 놀라게 할 만한 잠재성을 갖고 있는 연구 분야라 할 수 있습니다.

왜냐하면 실험 조건부터 기존의 상식을 뒤집기 때문입니다. 많은 연구자들은 현재 포도당을 배지에 놓고 세포를 배양할 때, 대개 사흘에 한 번씩 배지를 갈아줍니다. 이것은 세포의 입장에서 보면 하루는 배불리 먹고, 나머지 이틀은 굶고, 다시 하루는 배불리 먹고, 또 이틀은 굶는 식입니다. 그러기 때문에 결과가 들쑥날쑥하게 나오는 경우가 많습니다. 세포의 *O*-글루넥의 양이 계속 유지할 수 있게 하는 조건을 만들어주면 인산화가 30~40% 줄어들고, 이것은 *O*-글루넥이 세포의 신호전달에 영향을 끼친다는 것을 말해줍니다. 영양 상태에 따라 많은 게 달라진다는 것을 얘기하는 것입니다.

O-글루넥 전이효소

O-글루넥 전이효소는 단백질의 세린 또는 트레오닌의 수산기에 UDP-GlcNAc으로부터 GlcNAc을 전달해주는 효소입니다. 이 효소는 핵과 세포질 그리고 미토콘드리아에서 발견되었습니다. 하나의 유전자에 단백질 여러 개가 나오는 경우가 많습니다. *O*-글루넥 전이효소도 이러한 예 가운데 하나입니다. 이 유전자 정보를 통해 3가지 종류의 단백질 효소가 만들어집니다.

아래 그림을 보면 유전자는 1개인데 프로모터가 2개입니다. 단백질을 만드는 과정에서, DNA로부터 mRNA를 만들 때 인트론 부분은 잘립니다. 엑손과 인트론 부위가 교차적으로 남아 있

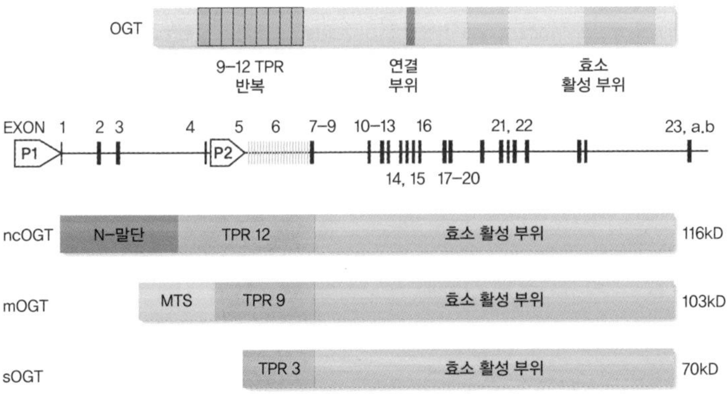

O-글루넥 전이효소는 핵, 세포질, 미토콘드리아에서 발견되었다.

거나 제거됨으로써 두 종류의 mRNA가 만들어집니다. 또한 다른 프로모터를 사용하여 다른 mRNA가 만들어집니다. 이러한 과정을 통해 하나의 유전자에서 3가지 종류의 단백질 효소가 만들어지는 겁니다. 미토콘드리아 *O*-글루넥 전이효소에 대해서는 아직 연구가 하나도 진행되지 않았습니다.

O-글루넥 당단백체

O-글루넥은 지금까지 약 4,000여 가지의 단백질에서 발견되었습니다. 이제 실제 연구 사례를 들여다보면서 *O*-글루넥 연구가 어떻게 이루어지고 있는지를 설명해보고자 합니다.

우리 연구실에서 진행한 첫 번째 *O*-글루넥 연구 주제는 p53 단백질에 존재하는 *O*-글루넥의 기능이었습니다. 종양억제단백질인 p53 단백질은 세상에서 가장 유명한 단백질입니다. 우리의 연구 논문이 발표될 때에도 p53에 대한 논문이 3만 건이 넘었습니다. 단일 단백질을 놓고 이렇게 많은 연구가 진행된 사례는 거의 찾기가 힘듭니다.

연구를 진행하기 전에 p53에 *O*-글루넥이 붙어 있는 것 같기도 하고 아닌 것 같기도 하다는 내용의 논문이 어딘가에 발표된

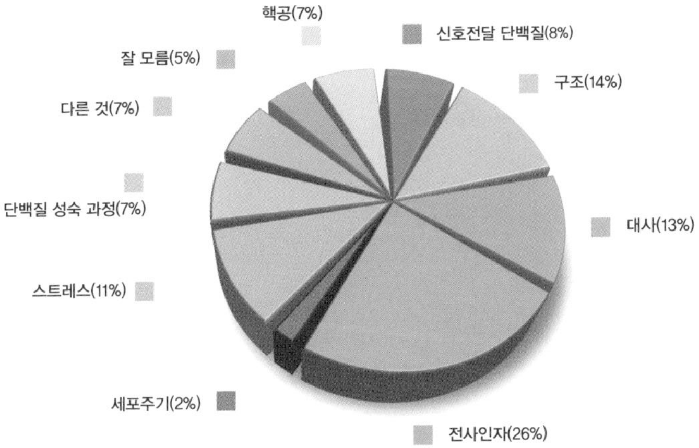

O-글루넥 당단백체 비율

적이 있었습니다. 이 논문에는 데이터가 하나도 없었습니다.

p53은 일종의 순찰차 역할을 하는 단백질입니다. 계속 만들어지면서 계속 없어지는 단백질입니다. 그래서 항상 p53 단백질은 우리 몸에 일정한 수준만 남아 있습니다. 이 단백질은 DNA가 끊어진 것을 발견하면 암이 될 가능성이 높으니까 그 세포를 죽입니다. 그래서 종양억제단백질이라고 하는 것입니다. 그때까지 알려진 사실은 정상적인 포도당 농도에서 p53 단백질이 발현되면 COP9복합체^COP9 signalosome라고 하는 단백질 그룹에 의해 p53의 155번째 트레오닌에 인산기가 붙어 인산화가 이루어지고, 이렇게 인산화가 이루어지면 유비퀴틴들이 달라붙어 프로테아좀이라는 곳으로 가서 분해시켜버린다는 것 정도였

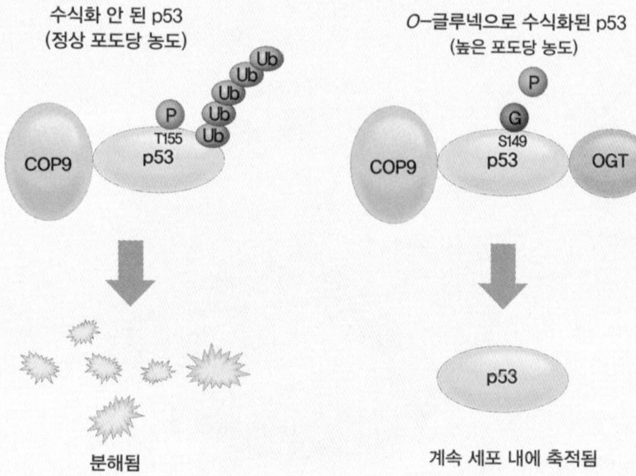

p53에 존재하는 *O*-글루넥의 기능

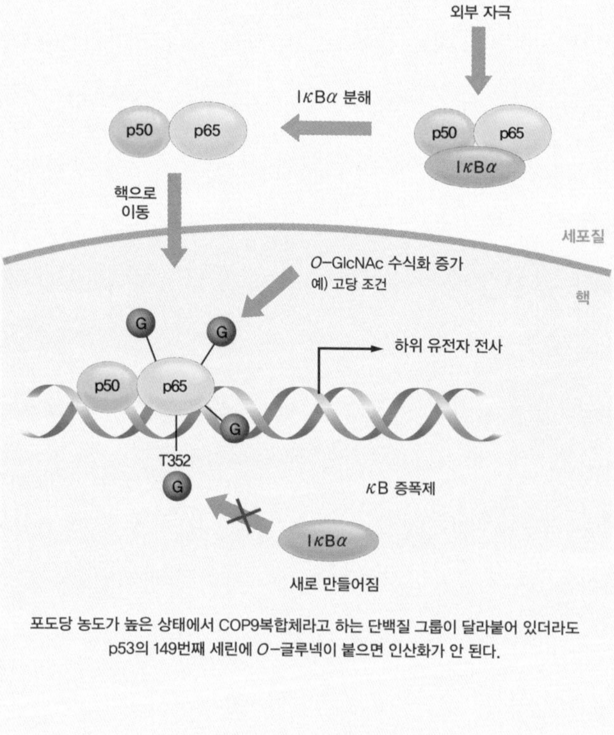

포도당 농도가 높은 상태에서 COP9복합체라고 하는 단백질 그룹이 달라붙어 있더라도 p53의 149번째 세린에 *O*-글루넥이 붙으면 인산화가 안 된다.

습니다.

우리 연구실의 양원호 박사는 포도당 농도가 높은 상태에서 COP9복합체라고 하는 단백질 그룹이 달라붙어 있더라도 p53의 149번째 세린에 *O*-글루넥이 붙으면 인산화가 안 된다는 것을 밝혔습니다. 그리고 이렇게 p53 단백질의 인산화가 이루어지지 않으면, p53이 계속 체내에 축적되었습니다. 그간 밝혀지지 않았던 *O*-글루넥 수식화 자리를 발견한 연구였습니다. 국제저널 〈네이처 셀바이올로지〉는 이 연구 결과를 꽤 높이 평가해서 게이트웨이라고 하는 웹진에서 특집으로 다루기도 했습니다.

그 다음으로 NFκB p65이라는 유명한 단백질이 또 하나 있습니다. 이것도 p53만큼이나 유명한 단백질입니다. p65 단백질에 *O*-글루넥 수식화가 이루어진다는 보고가 있기는 있었지만, 어디서 어떻게 이루어지는지는 밝혀지지 않은 상태였습니다.

p50과 p65가 IκBα와 결합되어 있을 때, 외부 자극이 오면 IκBα가 유비퀴티네이션에 의해 분해되고, 자유로워진 p50과 p65는 핵으로 이동합니다. 이들 단백질이 염증을 유발하는 유전자의 프로모터에 달라붙어 mRNA를 만들어 단백질들을 합성시키는데, 그중의 하나가 IκBα입니다. 그래서 이 IκBα가 핵으로 들어와서 p50과 p65를 데리고 밖으로 나갑니다. 이것이 첫

번째 외부 자극이 주어진 뒤 2시간 동안 이루어지는 일입니다. 그런데 글루코오스가 많이 존재하는 조건에서는 352번째 트레오닌에 *O*-글루넥이 붙습니다. 이렇게 *O*-글루넥이 붙으면 새로 만들어져 핵 안으로 들어온 IκBα와 p65의 상호작용이 이루어지지 않게 됩니다. IκBα가 p65를 데리고 핵 밖으로 나가야 하는데 그렇지 못하게 되는 것입니다. 우리는 당뇨합병증의 악화가 이 현상 때문이 아닐까 하고 예측하고 있습니다.

Snail1 단백질에 존재하는 *O*-글루넥 수식화도 중요한 연구입니다. 이 연구는 암전이가 이루어지는 원리를 이해하는 실마리를 제공해줍니다. E-카드히린E-cadherin 단백질은 세포와 세포를 붙여주는 데 관여하는 단백질입니다. 암이 전이되려면 세포

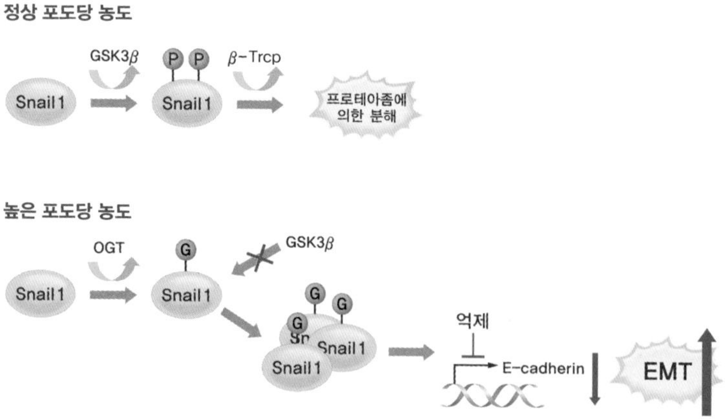

포도당의 농도가 높아지면 Snail의 112번째에 있는 세린에
O-글루넥이 붙게 되고, Snail1 단백질이 계속 쌓인다.

가 그룹에서 떨어져 나와야 합니다.

Snail1 단백질은 E-카드히린의 발현을 억제하는 단백질입니다. 그래서 정상적일 때 Snail1 단백질은 계속 없어집니다. 그런데 포도당 농도가 높아지면 문제가 달라집니다. 포도당의 농도가 높아지면 Snail의 112번째에 있는 세린에 *O*-글루넥이 붙게 되고, Snail1 단백질이 계속 쌓입니다. 그리고 Snail1 단백질이 쌓이다 보면 E-카드히린의 발현이 뚝 떨어집니다. 이 현상은 암의 전이metastasis와 상관이 있는 기작입니다. 세포와 세포를 달라붙게 하는 E-카드히린이 없으면 암세포가 그룹에서 떨어져 나오기 쉽기 때문입니다.

암의 전이와 *O*-글루넥과의 관계를 비유를 통해 얘기하면 쉽게 이해할 수 있을 것입니다. 아주 추운 겨울날 거지가 길에서 노숙을 하고 있습니다. 어떤 사람이 이 거지에게 돈을 넉넉하게 주었습니다. 이 거지는 이것으로 맛있는 것을 사먹을까요? 그랬다면 똑똑한 거지가 아닙니다. 아마 얼마 지나지 않아 얼어 죽을 수도 있습니다. 똑똑한 거지라면 기차표를 사서 따뜻한 남쪽나라로 가서 그곳에서 좌판을 벌리고 구걸을 했을 겁니다.

이 비유를 드는 이유는 이 상황이 암 전이의 원인이라고 생각하기 때문입니다. 암 덩어리에는 새로 만들어진 혈관이 막 붙어 있습니다. 혈관에 가까운 암세포는 산소와 영양 공급을 잘

거지의 선택 눈이 오는 추운 겨울 거지에게 마음씨 좋은 사람이 돈을 주었다. 거지는 둘 중 하나를 선택할 수 있다. 따뜻하고 맛있는 음식을 사먹을 수도 있고 혹은 그 돈으로 따뜻한 남쪽 나라로 가는 기차표를 사서 새로운 곳에 가서 다시 구걸을 할 수도 있다. 똑똑한 거지라면 아마도 따뜻한 남쪽 나라로 갈 것이다. 한 번 받은 돈으로 다 먹을 것을 사먹는다면 금방 다시 굶게 되지만 따뜻한 곳으로 이동한다면 그곳에서 다시 구걸을 할 수 있게 되기 때문이다. 만약에 거지가 암세포라면 암의 전이가 이런 이류 때문에 일어나는 것은 아닐까? 암 덩어리에서는 영양 공급과 산소 공급에 문제가 있지만 암세포가 다른 장기로 전이 된다면 충분한 영양과 선소를 공급 받을 수 있을 것이다.

받을 것입니다. 그러면 혈관으로부터 멀리 떨어져 있는 암세포는 산소와 영양 공급이 잘 이루어지지 않을 것이고, 이들은 어떻게 될까요? 이들은 좀 더 좋은 환경으로 이동하고 싶어할 것입니다.

암세포를 포도당이 없는 배지에서 키워보면 예상 밖의 결과가 나옵니다. *O*-글루넥이 싹 사라질 것이라고 예상했는데, 오히려 더 많아지는 것입니다. 실험 과정을 다시 살펴보니 암세포가 갖고 있는 글리코겐이 분해되어 포도당을 생성했는데 이 포도당을 이용해서 *O*-글루넥을 만들었기 때문입니다. 이는 아무도 생각하지 못했던 사실이었습니다. 일반적으로 암세포는 대사율이 높아서 에너지를 계속 씁니다. 그래서 많은 사람들이 암세포가 글리코겐을 저장하고 있으리라고는 생각하지 못했던 것입니다. 그런데 영양 상태를 좋지 않게 했더니 가지고 있던 글리코겐을 분해해서 *O*-글루넥을 만드는 데 쓴 것입니다. 더욱 놀라운 사실은 ATP를 만들지 않았습니다. ATP를 만들지 못한 것은 해당작용에 제일 중요한 포스포프럭토키나아제 phosphofructokinase의 활성이 감소했기 때문입니다. 놀라운 것은 글리코겐을 분해해서 전부 다 *O*-글루넥을 만드는 데 사용했다는 점입니다. 이런 실험 결과에 *O*-글루넥이 수식화되면 암 전이가 증가한다는 연구 결과를 접목시키면, 암세포가 *O*-글루넥

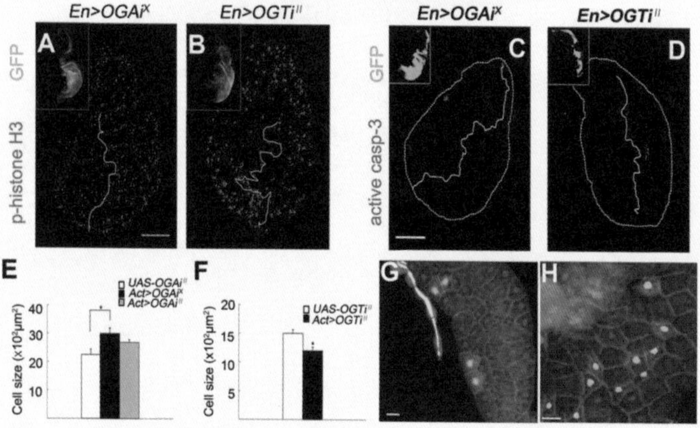

정상 초파리보다 *O*–글루넥이 많은 초파리의 덩치가 훨씬 큰 것으로 관찰되었다.

을 만드는 이유가 다른 곳으로 가기 위해서가 아닐까 하는 생각을 하게 만듭니다. 세포가 더 좋은 곳으로 가고 싶어하는 것입니다. 이 연구는 한창 진행되고 있고 어느 정도 증명되고 있기도 합니다.

O-글루넥은 과연 발생 과정에서도 중요한 기능을 할까요? 정상적인 초파리와 O-글루넥을 굉장히 많이 있게끔 만든 초파리를 비교해보면, O-글루넥이 정상보다 많은 초파리의 덩치가 훨씬 큰 것으로 관찰되었습니다. O-글루넥이 발달 과정에서의 성장과 관계가 있다는 것을 단적으로 보여주는 연구입니다. O-글루넥을 잘라주는 효소를 없앴더니 덩치가 커졌고, O-글루넥이 없는 세포들은 주변 세포에 비해 현저하게 저하된 성장률을 보였습니다. 초파리의 덩치가 커진 것은 세포분열을 더 많이 했거나 아니면 세포마다의 크기가 커졌거나, 이 둘 중의 하나입니다. 확인해보니, 초파리의 크기가 증가한 것은 세포분열이 더 많이 일어나서가 아니라 세포의 크기가 증가했기 때문이었습니다.

아주대학교의 김은영 교수와 공동으로 진행한 연구는 생체시계와 O-글루넥과의 관련성을 잘 보여주는 연구입니다. 영양과 밀접하게 관련되어 있는 O-글루넥이 생체시계와도 관련이 높을 것이라는 가정 하에 추진된 연구였습니다. 아침, 점심, 저

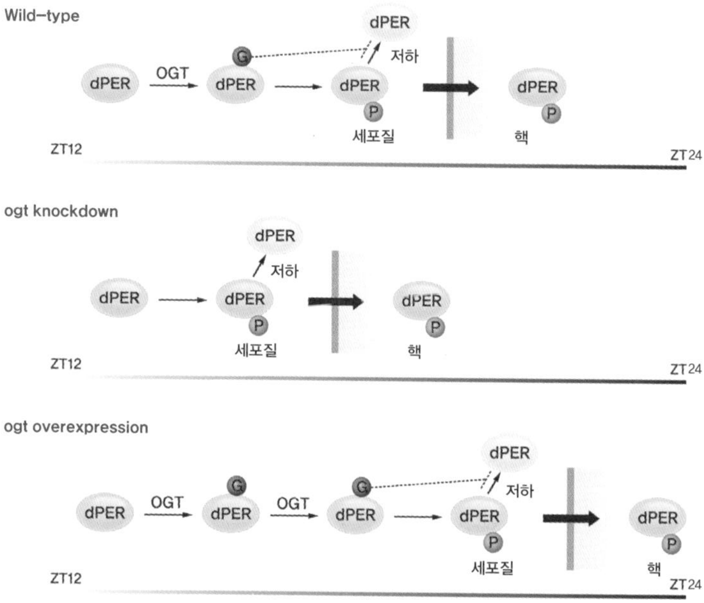

피어리어드 단백질의 *O*-글루넥 수식화가 잘 안 되면 생체시계가 빨라지는 반면,
O-글루넥 수식화가 과도하게 일어나면 생체시계가 느려진다.

녁에 때가 되면 배가 고프고, 저녁이 되면 배가 고픈 현상은 영양과 상관이 있기 때문입니다.

모든 동물은 지구의 자전주기에 리듬이 맞춰져 있습니다. 이는 초파리도 마찬가지입니다. 초파리는 12시간 동안 활동하고, 12시간 동안 잠을 잡니다. 우리 연구는 *O*-글루넥이 자전주기를 느끼게 하는 것을 조절한다는 것을 최초로 밝혔습니다.

초파리에게는 피어리어드period 단백질이 있는데, 이 피어리어드 단백질의 *O*-글루넥 수식화가 잘 안 되면 생체시계가 빨라져 21시간을 하루로 알고 살아갑니다. 그래서 10시간 30분 동안 활동하고, 10시간 30분 동안 잠을 잡니다. 반면 *O*-글루넥 수식화가 과도하게 일어나면 생체시계가 느려져 27시간을 하루로 알고 살아갑니다. 13시간 30분 동안 활동하고, 13시간 30분 동안 잠을 자는 것입니다.

이것은 정말 놀라운 결과였습니다. 눈곱만큼 작은 탄수화물 한 개가 생체시계를 완전히 바꿔놓는 것입니다.

그리고 이 실험은 *O*-글루넥 수식화가 세포의 영양 상태에 따라 달라지기 때문에, 음식물을 섭취하고 소화시키고 흡수하는 등의 대사과정이 생체시계에 영향을 미친다는 것을 보여주었습니다. 영양과 생체시계가 상호작용하는 원리가 무엇인지를 파악할 수 있는 실마리를 제공했다고 할 수 있습니다.

O-글루넥 수식화 연구의 응용

지금까지 살펴본 것처럼, *O*-글루넥 수식화 연구는 당뇨뿐 아니라 암의 발생과 전이, 신경계와 근육의 발생과 밀접한 관계가 있는 분야라 할 수 있습니다. 당뇨를 치료하거나 암을 제어하

biology inside

O-글루넥O-GlcNAc의 중요성

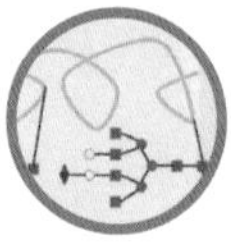

현재까지 세포질이나 핵 내에서 일어나는 당화로는 *O*-GlcNAc이 유일하다. 나머지 당화는 소포체와 골지체를 통해 이루어지고 있다. 1984년, 제럴드 하트 미국 존스 홉킨스 의과대학 교수가 쥐 세포의 핵공에서 *O*-글루넥 당화를 발견했다는 것을 발표할 당시만 해도, 대부분의 연구자들은 절대로 핵이나 세포질에서 당화가 발견될 리 없다고 믿고 있었다. 그러나 30여 년이 지난 지금, *O*-글루넥 연구는 중요한 연구 결과들을 도출해내는 분야로 인식되고 있다. 왜냐하면 세포의 신호 전달에 중요하게 작용하는 인산화의 위치가 바로 *O*-글루넥의 수식화 위치와 경쟁하는 경우가 많기 때문이다. 특히 *O*-글루넥 수식화는 포도당의 대사와 밀접한 관계에 있기 때문에 당뇨 연구에 필수적이다. 현재까지 핵과 세포질에 존재하는 2000여 가지 단백질이 *O*-글루넥 수식화와 연관된 것으로 알려져 있으며, 특히 전사인자, 세포골격단백질, 대사와 관련 단백질에서 많이 발견되었다.

는 기술을 개발하거나, 신경계 및 근육 관련 질환을 치료하는 데 *O*-글루넥 수식화 연구가 획기적인 기여를 할 가능성이 매우 높은 것입니다.

신경계 질환의 경우, *O*-글루넥은 알츠하이머 치료에 새로운 접근법을 제안하고 있는 중입니다. 최근에는 *O*-글루넥을 이용해 생쥐의 알츠하이머를 고치는 사례가 보고되기도 했습니다. 알츠하이머에 걸린 환자들의 뇌세포를 관찰하면 단백질들이 응집되어 세포가 망가져 있습니다. 베타아밀로이드나 타우라는 단백질들이 응집되어 이런 현상이 관찰됩니다. 그런데 이들 단백질에 *O*-글루넥이 붙어 있으면 응집되는 것을 방해합니다. 그래서 *O*-글루넥을 자르는 효소를 방해하는 효소저해제를 넣어주면 이들 단백질이 응집되지 않고 알츠하이머에 걸렸던 쥐가 회생합니다. 쥐의 기억력이 살아나는 것입니다. 동그란 수조에 쥐가 쉴 수 있는 받침대를 만들어 놓고 쥐를 물에 빠뜨리면, 알츠하이머에 걸린 쥐보다 효소저해제 주입으로 기억력이 좋아진 쥐가 훨씬 더 빨리 받침대를 찾았습니다.

더욱 놀라운 사실은 당뇨에 걸린 환자의 알츠하이머 발병 비율이 높다는 사실입니다. 당뇨 환자들은 세포가 포도당을 받아들이는 능력이 현저히 떨어지는데, 이는 뇌세포에서도 마찬가지로 일어납니다. 이렇게 포도당을 받아들이는 능력이 떨어지면 *O*-글루넥을 만들지 못하고, 이는 알츠하이머를 일으킬 확률을 더욱 높인다는 가설을 세울 수 있습니다. 이처럼 당뇨와 알츠하이머의 연관성은 또 다른 *O*-글루넥 연구로 우리를 이끌고 있습니다. 단언컨대 *O*-글루넥은 노벨상을 받을 수 있는 유력한 연구 분야 가운데 하나입니다. 이 분야의 무한한 성장을 기대해봐도 좋을 겁니다.

조진원

연세대학교 시스템생물학과

단백질 변신의 중요성 1부

2부 세포로의 여행

당생물학과 글라이코믹스 3부

4부 생물학자와 함께하는 상상초월 토크 콘서트

Bio-logy talk

대담자 조진원 정재승

청중 상상초월 석학강연 강의를 수강한 학생 및 학부모

곳 KT&G 상상마당

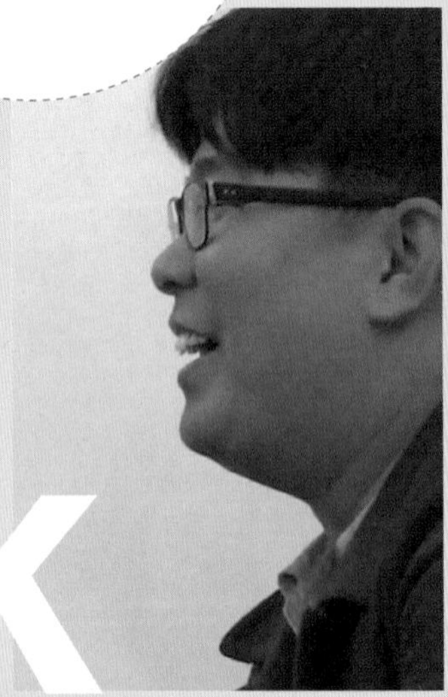

생물학자와 함께하는 상상초월 토크 콘서트

"저는 저 문을 열고 나가면 또 무슨 세계가 있을지 그게 너무 궁금하거든요. 이미 알아버린 것을 가지고 무엇인가를 만드는 데에는 관심이 없어요."

정재승 안녕하세요. 저는 '상상초월 석학강연 시리즈'를 기획한 카이스트 바이오및뇌공학과의 정재승입니다. 강연을 들은 분들 앞에서 이렇게 강연을 해주신 조진원 교수님과 대화를 나눌 수 있게 되어 기쁩니다. 먼저 그 지난 세 번의 강연을 하신 교수님의 소감을 듣고 싶습니다.

조진원 이 강연을 처음 맡게 되었을 때 도대체 무슨 얘기를 해야 할까 고민을 무척 많이 했습니다. 그러다가 제가 가장 관심 있어 하는 단백질 이야기를 해야겠다고 마음을 먹었죠. 단백질이라고 하는 것은 아미노산만으로 구성되어 있는 것이 아니고, 단백질의 변신이 제대로 이루어져야 기능을 수행할 수 있다는 것을 알려주고 싶었습니다. 사실 짧은 시간 안에 다 소화하기에는 굉장히 어려운 부분이긴 합니다. 그런데 하나라도 더 들으려고 오는 잠도 쫓아가면서 듣는 학생들 덕분에 아주 즐겁게 강의했습니다. 여기 참석한 학생들도 즐거웠길 바랍니다.

정재승 교수님께서는 어떤 계기로 생물학이라는 신천지를 발견하셨는지 무척 궁금합니다.

조진원 고백해야 할 것 같은데요, 고1 때 제 생물 성적은 '수우미양가' 중 양이었습니다. 그때는 생물이 너무 싫었어요. 제게 생물을 가르쳐주는 분들이 생물을 암기과목처럼 가르쳤던 거예요. 처음엔 생물이 과학이라는 생각에 호기심을 느꼈는데, 무조건 암기해야 하니까 짜증이 났습니다. 도대체 왜 해당작용이 일어나는지 모르는데, 해당작용의 과정을 다 외워야 했던 거죠. 그러다가 고2 여름방학 때 책을 한 권 보게 되었어요. 바로 DNA의 구조를 발견했던 제임스 왓슨의 『이중나선』이었습니다. 암기만이 중요한 분야인 줄 알았는데 과학 경쟁이 이뤄지는 진짜 세계가 펼쳐졌어요. 그때서야 생물학이 암기과목이 아니라 과학이라는 사실을 납득할 수 있었어요. 그러다가 고3 때 좋은 생물 선생님을 만나게 되었습니다. 그 분은 과학적으로 생물을 가르쳐주었어요. 그때 생물에 대해 막연하게 갖고 있던 의구심을 떨쳐버릴 수 있었죠. 생물학과에 들어가고 싶었던 것도 이 때였어요. 저희 부모님은 제가 의과대학으로 진학하길 바랐지만 저는 생물학과 진학을 결정했습니다. 그때 생물학과를 진학한 것에 대해 저는 지금도 후회하지 않습니다. 생물학이 정말 재미있는 과학이라고 생각하고 있거든요.

정재승 지금도 많은 학생들이 생물은 암기과목이라고 생각하고 있고, 여전히 암기과목처럼 선생님이 학생들을 가르치는 일들이 교실에서 벌어지고 있는데요, 왜 이런 문제가 생긴 것일까요?

조진원 저는 한 15년째 일반 교사를 상대로 교육대학원에서 강의를 진행하고 있습니다. 그 이유는 그분들이야말로 진짜 중요한 분들이기 때문입니다. 그분들이 어떻게 강의하느냐에 따라 많은 학생들의 운명이 바뀌니까요. 그분들에게 시험에 암기

"교재에 나와 있는 낯선 용어들을 친구라고 생각하고
관심을 갖고 자주 접하다 보면 자연스럽게 알게 되는 거죠.
저는 시험 문제를 낼 때에도 절대로 암기해야만 맞출 수 있는
시험 문제는 내지 않으려고 해요."

해서 쓰는 문제를 내지 말라고 누차 얘기합니다. 중고등학교 선생님부터 교육해야지 파급 효과가 있을 것이라 생각해요. 대학에서 생물학을 가르치다 보면, 생물학과에 진학한 학생들조차 용어를 어려워합니다. 저는 학생들에게 이렇게 물어봐요. 반 친구들이 60명이면 그 60명의 이름을 처음 볼 때부터 종이에 써가면서 달달 암기하느냐 하고요. 자연스럽게 계속 접하다 보면 친구가 어디 사는지, 무슨 수업을 좋아하는지를 알게 되고 그러다 보면 친구의 특성들을 파악하게 되는 겁니다. 교재에 나와 있는 낯선 용어들을 친구라고 생각하고 관심을 갖고 자주 접하다 보면 자연스럽게 알게 되는 거죠. 저는 시험 문제를 낼 때에도 절대로 암기해야만 맞출 수 있는 시험 문제는 내지 않으려고 해요.

정재승 생물 교육 이야기가 나와서 말인데요, 얼마 전 '창조과학'을 옹호하는 단체가 교과서에서 시조새를 빼야 한다고 주장한 데 이어, 교과서 저자들이 관련 내용을 삭제하기로 해서 논란이 인 적이 있습니다. 진화론을 우리가 제대로 잘 가르치고 있느냐 하는 논쟁이 본의 아니게 만들어졌는데 거기에 대해서 생물학자들의 전문가적인 의견이 그렇게 많이 나오진 않은 것 같습니다. 어떻게 생각하시나요?

조진원 과학자는 과학으로만 말해야 한다고 생각해요. 진화론과 창조론 가운데 어느 것이 맞다고 어느 누구도 시원하게 대답

해줄 수 없을 때, 진화론자들은 진화론을 지지하는 과학적 사실을 계속 연구해서 발표해야 할 것이고 창조론자들은 창조론이 왜 맞는지를 그 이유를 찾아내야 할 것입니다. 과학적인 사실을 바탕으로 한 논쟁이 아니라면, 그것은 쓸모 없는 논쟁인데다 시간 보내기에 아주 좋은 논쟁거리밖에 안 된다고 생각해요.

정재승 저도 과학과 종교는 그 논의의 차원이 다르다고 생각합니다. 그러나 어느 접점에서는 과학과 종교가 만나기도 합니다. 예를 들면 동정녀 마리아가 예수를 잉태했다는 얘기가 성경에 나오잖아요? 저는 종교를 쉽게 받아들이지 못하는 회의주의자인데, 예수 그리스도가 남자라서 XY염색체를 갖고 있다면, 예수 그리스도의 Y염색체는 어디서 온 것인가, 하는 점이 궁금했었습니다. 기독교 신자가 되려면 동정녀 마리아가 예수를 잉태했다는 것을 사실로 받아들여야 하는 상황이고요. 이 모든 것을 은유나 상징이라고 말하기에는, 처녀의 몸으로 아이를 낳았다는 점은 너무 구체적인 사실이거든요. 종교와 과학이 정면으로 부딪히는 이런 문제에 대해서는 어떻게 생각하시나요?

조진원 현재로선, 누구도 알 수가 없습니다. 예수의 성염색체는 XY일까요? 성염색체가 있을까요? 예수의 DNA가 없기 때문에 과학적으로는 정확히 알 수가 없습니다. 성염색체가 과연 XY인지, 아니면 과연 XY라는 염색체가 있는지 알 수가 없죠. 예수는 여자도 아니고 남자도 아니고 신이었다고도 얘기할 수 있습니다. 그건 믿음의 영역인 것 같습니다. 진화론은 다음과 같은 논리 구조를 갖습니다. 나를 만든 DNA의 기원을 거슬러 올라가다 보면 그것의 출발이 우연에 의해 이루어졌고 이후에 DNA가 세상에 뿌려졌다고 말입니다. 진화론의 결론에 종교를 믿는 사람들은 모든 생명이 우연의 산물이라면 자신이 존재할 이유가 없고, 이성을 가지고 살 이유도 없는 것 아닌가 하고 생각할 것입니다. 이 세상에 존재할 이유를 찾아주는 것이 종교의 힘인 것이죠. 한 가지 흥미로운 사실은 인간만이 종교를 가지고 있다는 점입니다. 원숭이는 종교가 없습니다. 진화를 쭉 거치면서 원숭이와 인간이 분리된 다음에 인간은 종교 유전자를 획득하게 된 것일까요? 왜 그런 것일까요? 종교 유전자가 따로 있을까요? 흥미로운 주제인 것 같습니다.

정재승 실제로 뇌에는 종교적인 것을 추구하고 뭔가를 믿는 영역이 두정엽에 따로 마련되어 있다는 연구 결과가 나와 있습니다.

조진원 그러면 그 부분이 매우 발달한 사람들은 굉장히 독실한 신앙을 갖는 것이고, 그렇지 않다면 무신론자가 되는 거라고 말할 수도 있겠네요.

정재승 그러니까 종교와 상관없이 명상 상태에 접어들 때 수녀나 스님의 뇌를 fMRI로 찍어보면 뇌의 특정 영역이 활성화됩니

"종교와 상관없이 명상 상태에 접어들 때
수녀나 스님의 뇌를 fMRI로 찍어보면 뇌의 특정 영역이
활성화됩니다. 그건 어떤 종교이든지 상관하지 않고
종교 활동을 하는 뇌 영역이 따로 마련돼 있다는 얘기입니다.
그것은 그런 종교적 추구가 생존에 도움이 됐을 것이다,
혹은 짝짓기에 도움이 됐을 것이다, 라는 해석을 가능하게 합니다."

다. 그건 어떤 종교이든지 상관하지 않고 종교 활동을 하는 뇌 영역이 따로 마련돼 있다는 얘기입니다. 그것은 그런 종교적 추구가 생존에 도움이 됐을 것이다, 혹은 짝짓기에 도움이 됐을 것이다, 라는 해석을 가능하게 합니다. 그 영역을 만들어내는 유전자를 찾을 수도 있는 거겠죠. 어쨌든 저는 그런 연구 결과를 보고, 인간이 종교적 추구를 하게끔 만들어져 있구나, 이것은 종교가 인간에게 유용하다는 것을 보여주는 증거이구나, 하는 생각이 들었습니다. 역설적이게도 창조론을 반대하는 증거인 것은 아닌가 싶은 생각도 들고요. 다른 입장에서는 신이 자신의 존재를 드러낼 수 있는 종을 최초로 만들었다고 해석할 수도 있는 것이죠. 주제를 좀 바꿔보도록 하겠습니다. 지금까지 생물학 쪽의 연구를 수행하면서, 교수님에게 가장 중요하고 구체적인 질문이 무엇이었는지 그것이 궁금합니다.

조진원 생명과학이 재미있어서 생명과학을 연구하기 시작했고, 하다 보니 우연히 탄수화물이 주인공인 당생물학을 알게 됐습니다. 당생물학은 저의 운명이었어요. 제 성 이름이 영어로 CHO입니다. 카보하이드레이트carbohydrate. 당생물학은 정말 제게 잘 맞습니다. 저는 영양의 조건에 따라 세포 내에 존재하는 신호전달이 어떻게 이뤄지는지를 관찰합니다. 지금 제가 연구하고 있는 *O*-글루넥도 탄수화물의 일종이죠. *O*-글루넥에 의

"우연히 탄수화물이 주인공인
당생물학을 알게 됐습니다. 당생물학은 저의 운명이었어요.
제 성 이름이 영어로 CHO입니다. 카보하이드레이트carbohydrate.
당생물학은 정말 제게 잘 맞습니다."

해 DNA 스위치가 켜질 수도 있고 스위치가 꺼질 수도 있다는 가능성을 찾게 되니까 너무 흥미로운 거예요. *O*-글루넥 연구를 2000년부터 시작했으니 횟수로는 12년 이상 연구하고 있는 셈입니다. 이 연구에 뛰어든 것은 순전히 제 욕심 때문이에요. 저의 지적 호기심을 만족시키기 위해서였죠. 얼마 전에 뵈었던 어느 교수님께서 제게 신약 같은 것을 개발해보라고 조언해주시더라고요. 재미있는 연구를 진행하면서 왜 약을 개발하지 않느냐는 조언이었습니다. 저는 이렇게 얘기했습니다. 저는 약에 관심이 없어요. 저는 저 문을 열고 나가면 또 무슨 세계가 있을지 그게 너무 궁금하거든요. 이미 알아버린 것을 가지고 무엇인가를 만드는 데에는 관심이 없어요. 저는 다만 눈앞에 보이는 새로운 문을 열면 그 다음의 세계엔 무엇이 있을까, 하며 탐구하는 게 더 좋습니다. 저를 탐험가라고 생각하면 될 것 같아요. 새로운 것을 정말 좋아하거든요. 새로움을 보는 즐거움, 그게 제 연구의 동력입니다.

정재승 연구하시다 보면 재미난 에피소드가 많을 것 같습니다. 의외이거나 당혹스럽거나 흥미로운 에피소드 말예요. 오호라, 내가 이런 맛에 실험을 하지, 하는 경우도 있을 테고, 갑자기 정전이 일어나서 키우던 생명체들이 다 죽는 경우도 있을 테고요.

조진원 2000년 전까지 제 연구 주제는 폴리사이알산Polysialic acid

과 관련 있었습니다. 글라이코바이올로지의 영역 중 하나죠. 교수가 된 다음에 가장 쉽게 범하는 우가 있다면, 자신의 지도교수와 연구했던 주제를 한국에 돌아와서도 연구하는 겁니다. 그러곤 나중에 그것이 가장 바보 같은 짓이라는 사실을 깨닫게 되죠. 한국에서 아무리 열심히 해보았자 그분들과는 경쟁이 안 됩니다. 저는 다행히 그때 프로테오믹스를 연구하기 시작했죠. *O*-글루넥은 한 10여 년 전부터 관심 있게 봐왔던 분야였습니다. 2000년에 저는 논문을 하나 찾아가지고 실험실 대학원생들에게 나눠주면서 지금까지 하던 연구는 접고 이제는 *O*-글루넥을 연구한다, 이랬습니다. 학생들이 기겁했죠. 동료 교수들은 저보고 왜 이것을 지금 하려고 하느냐, 미쳤느냐, 그러다 학교 쫓겨난다, 하더군요.

정재승 새로 시작하면 실험 세팅을 다시 해야 하고, 또 시간이 오래 걸리니까요.

조진원 저는 그 분야에 경험도 전혀 없었습니다. 일종의 도박을 한 거죠. 아까 말씀드린 것처럼 새로운 문을 열고 싶었던 거예요. 새로운 것을 시작하다 보니 연구비 삭감도 당해보았습니다. 첫 결과가 나올 때까지 6년이나 걸렸습니다. 그런데 첫 번째 결과가 굉장히 좋았어요. 그래서 그 다음부터는 마음 놓고 연구할 수 있게 되었습니다. 그 연구는 제가 한 번도 경험해보지 않았던 연구였기 때문에 재미난 에피소드들이 굉장히 많아요. 예를 들면, 제 연구실 실험팀은 종양억제단백질 p53에 붙어 있는 *O*-글루넥 수식화의 위치를 잡으려고 했어요. p53의 경우는 정상 세포 안에는 그 양이 너무나도 적어요. 프로테오믹스 기법으로 *O*-글루넥 수식화의 위치를 잡기 위해선 도대체 얼마나 많은 단백질이 필요한지도 짐작하기 어려웠어요. 그런데 우리 연구실의 양원호라는 학생이 처음엔 10장을, 그러다가 20장, 50장, 100장, 200장, 500장, 1000장을 긁어서 뽑아냈습니다. 그것도 두 번이나. 1000장이 될 때까지 우리는 어디까지 뛰어야 할지 모르는 달리기 선수였어요. 저는 중간에 포기하고 싶었는데, 그 학생은 도저히 포기하지 못하겠다고 하더군요. 그러기를 2년이었습니다. 참 대단한 친구죠. 지금 그 학생은 박사가 되었습니다. 또 한 번은, 세포가 포도당을 받아들이면 특정 과정을 통해 *O*-글루넥이 나오는데 어느 날 포도당을 넣지 않고 세포를 배양해보았습니다. 저는 포도당이 없기 때문에 당연히 *O*-글루넥 수식화가 줄어들 줄 알았습니다. 그런데 그렇게 굶겼는데 더 많이 늘어나는 거예요. 처음엔 정말 이해할 수가 없었죠. 결국 암세포의 경우 영양이 부족할 때 글리코겐을 분해해서 ATP를 만드는 대신 UDP-글루넥을 만들어서, *O*-글루넥 수식화가 굉장히 많이 이루어진다는 것을 알게 되었죠. 사실 연구라는 것은 처음에 세운 연구 가설이 있고 그 가설대로 진행되면 그냥 그런 연구일 뿐이에요. 왜냐하면 남들도 다 생각하는 연구이니까 말예요. 그런데 자기가 세운 가설이 있고 연구 목적이 있는데 그것이 잘 해결되지 않을 때가 있습니다. 이럴 때 실망에 빠져 헤맬 수도 있지만 오히려 더 기쁠 수도 있습니다. 야, 이거, 신기한 문이 하나 더 여기 있나 보네, 하고 생각할 수 있는 거죠. 그래서 저는 연구실 학생들에게 이런 사실을 자주 얘기합니다. 그런데 대부분의 학생들은 예측한 결과가 나오길 원해요. 그래서 예측한 결과가 나올 때에만 제게 얘기하고, 예측한 대로 나오지 않으면 얘기를 하지 않아요. 저는 절대로 그래선 안 된다고 조언하죠. 정말 예측하지 못했던 결과가 나왔는데, 그 실험 방법에 오류가 없었다면, 그 예측하지 못했던 결과가 정답인 것이거든요. 거기서부터 다시 가설을 세우면 되는 겁니다. 그러니까 예측하지 못한 결과가 나오면 일단은 기뻐하는 게 맞습니다.

정재승 생물학을 전공할 때 가장 필요한 덕목은 무엇이라고 생각하시는지 궁금합니다.

조진원 아까 언급했던 양원호 박사 얘기를 좀 해드릴게요. 그 친구는 대학 다닐 때 정말 잘 놀았어요. 어느 정도냐 하면, 대학원 입학이 거절당할 뻔할 정도로 놀아본 친구였습니다. 저는 '나 같은 놈이구나' 하고, 한눈에 딱 알아보았습니다. 놀아본 사람은

"정말 예측하지 못했던 결과가 나왔는데,
그 실험 방법에 오류가 없었다면,
그 예측하지 못했던 결과가 정답인 것이거든요.
거기서부터 다시 가설을 세우면 되는 겁니다.
그러니까 예측하지 못한 결과가 나오면
일단은 기뻐하는 게 맞습니다."

창의성이 있거든요. 저는 그 친구가 노는 것을 봤어요. 다른 친구들과는 완전히 다르게 놀아요. 옛날 노래를 불러도 맛깔스럽게 현대 버전으로 싹 바꿔서 부르고 춤도 잘 추었죠. 그 나이 또래의 학생들이 도저히 생각하지 못하는 방법으로 놀 줄 알았습니다.

정재승 놀 줄 아는 과학자 이야기를 하셨는데, 사실 노는 것뿐 아니라 다재다능한 것으로 따지자면 교수님이 더 한 수 위일 것 같습니다. 여기 있는 학생들 가운데 알고 있는 학생들도 있을 텐데, 조 교수님께서는 가수이자 작곡가, 작사가이기도 하시잖아요.

조진원 여기 상상마당의 화장실에서 이런 말을 오늘 보았어요. 최악의 과학자는 예술가가 아닌 과학자이며, 최악의 예술가는 과학자가 아닌 예술가이다. 물리학자 아르망 트루소가 한 말이랍니다.

정재승 교수님을 두고 한 말 같네요.

조진원 네, 저는 과학자이기도 하고 대중예술가이기도 하죠. 예술가로 지금도 활동하고 있습니다. 싱어송라이터협회가 있는데, 그 법인의 회장을 맡고 있기도 하죠.

정재승 대중예술 활동과 과학자로서의 활동을 병행하고 계신 건데요, 두 가지가 서로 시너지를 줄 것 같습니다. 구체적으로,

어떤 시너지를 주는지 궁금합니다.

조진원 두 동네가 완전히 달라요. 심지어 저는 이렇게 표현합니다. 낮에는 교수, 밤에는 가수. 낮에는 연구단 단장이고, 밤에는 쇼단 단장이다. 오늘도 공연 하나를 꾸미느라고 바빴어요. 이번 주에만 제가 해야 하는 공연이 2개입니다.

정재승 학생들에게 대학가요제에 어떻게 나가게 됐고, 또 어떻게 작곡을 하게 되었는지, 그 얘기를 좀 해주세요.

조진원 작곡을 시작한 것은 고등학교 2학년 때였어요. 그때 우리나라 노래가 별로라는 느낌이 들었어요. 팝송은 멋있는데 말이죠. 이별, 슬픔, 사랑 타령으로 들렸죠. 그래서 내가 노래 한번 만들어야지 해서 고등학교 2학년 때 끄적끄적하다가, 대학교 1학년 때 '연'이라는 노래를 만들었어요. 그리고 그 해에 듀엣을 또 했습니다. 사실 TBC FM에서 '사랑의 듀엣 쇼'라고 해서 연말 경연대회를 했는데, 저는 당시에는 AD일뿐, 참가하지 않았어요. 그런데 연말 경연대회 앨범을 한 장 발매할 때 PD가 노래가 부족하다고 해서 노래 2곡을 만들어줬어요. 처음엔 다른 사람을 시켜서 노래를 부르게 했는데 듀엣의 음색이 맞지 않아서 제가 대타로 노래를 불렀습니다. 그래서 나온 노래가 '사랑하는 사람아'였습니다. 그게 공전의 히트를 쳤죠. 동명의 영화도 1, 2, 3편까지 나왔고요. 저는 이후에 방송국에서 라디오 밤 프로

"대중예술 활동과 과학자로서의 활동을
병행하고 계신 건데요,
두 가지가 서로 시너지를 줄 것 같습니다."

그램 DJ도 하고 그랬어요. 지금도 그런 대중문화 활동을 계속하고 있습니다. 연세대학교에 다니는 아이들 가운데 음악에 꿈을 실은 아이들은 제 사단에 속해 있습니다. 한 달에 한 번은 꼭 모여서 서로 그 사이에 만든 음악을 듣고 평가하는 시간을 갖고 있어요. 어떻게 보면 밤낮으로 지도를 하고 있죠. 낮에는 연구 지도를, 밤에는 음악 지도를. 두 가지 삶을 살고 있는데 저를 지치지 않게 만들어서 좋아요.

정재승 아, 그래요?

"두 동네가 완전히 달라요.
심지어 저는 이렇게 표현합니다.
낮에는 교수, 밤에는 가수.
낮에는 연구단 단장이고, 밤에는 쇼단 단장이다."

조진원 여러분이 어떻게 하면 두 가지 삶을 살 수 있느냐고 제게 묻는다면, 이렇게 얘기하고 싶어요. 항상 자기가 살고 있는 세계에서 최선을 다해서 살면 된다. 예를 들면 지금 여러분은 공부를 해야 되잖아요? 그러면 그때에는 최선을 다해 공부하면 됩니다. 그 다음에 최선을 다해 노는 거예요. 그러면 적당히 공부해서 놀 때 찜찜하거나, 적당히 놀아서 공부할 때 찜찜한 게 없어집니다. 자신이 속한 곳에서 최선을 다해 활동하고, 거기서 너무 힘들어 다른 데 가서 놀 때에는 또 완전히 잊어버리는 거예요. 여러분은 그런 삶을 꼭 가져야 해요. 누구나 다 그렇게 살 수 있어요. 그렇게 안 해서 그런 겁니다. 겁이 많다거나.

정재승 마무리를 할까요? 여기 있는 학생들은 자발적으로 우주와 자연과 생명의 경이로움을 교과서 밖에서 찾고 싶어서 찾아온 학생들이라고 생각합니다. 이들에게 유익한 한 말씀 부탁드리겠습니다.

조진원 한 학기 강의가 끝날 때마다 학생들에게 해주는 말이 있습니다. 어떤 학생들은 그 하나만 생각난다고도 해요. 그 말이 뭐냐면, 한비자가 한 말입니다. 천천히 가는 것을 두려워 말고 가다가 멈추는 것을 두려워하라. 세상을 살다 보면 꿈을 갖게 됩니다. 그런데 꿈을 꾸고 있는 사람과 꿈을 꾸면서 그 꿈을 향해서 나아가는 사람은 인생 자체가 달라집니다. 그리고 꿈을 꿀 때는 엄청나게 큰 꿈을 꿔야 됩니다. 남들이 비웃을 정도로. 그 꿈을 향해 한 발, 한 발 내딛는 것입니다. 잠깐 쉬어 갈 수도 있고, 똑바로 가지 못하고 시류에 따라 옆으로 흐를 때가 있어도 그 꿈 쪽 방향으로 가면, 언젠가는 그냥 꿈만 꾸고 앉아 있던 사람과 전혀 다른 삶을 살게 됩니다. 꿈만 꾼 사람과 꿈을 향해 한 걸음, 한 걸음 걸었던 사람하고는 10년 후, 20년 후가 완전히 다르다는 거죠. 저 앞에 보이는 큰 산을 올라간다고 해봅시다. 만날 꿈만 꾸는 사람은 20년 후에도 그 자리이지만, 그 꿈을 향해

가는 사람은 10년 후면 중턱을 넘고 어느새 거의 정상까지 갈 수 있는 것입니다. 우리 인간의 능력은 무한대입니다. 어떤 꿈을 꾸느냐도 중요합니다. 꿈꾸는 것의 차이가 전혀 다른 결과를 낳거든요. 저는 공부를 시작할 때 연세대학교 교수가 되고 싶었습니다. 그런데 같이 공부했던 정재웅 박사는 하버드대학교 교수가 되고 싶어했습니다. 이 친구는 결국 하버드대학교 교수가 되었습니다. 더 크게 성공해서 다른 곳으로도 스카우트되기도 했고요. 어떤 꿈을 꾸느냐에 따라 이렇게 달라지는 것입니다. 그러니까 항상 꿈을 꿀 때에는 여러분 부모님이 비웃을 정도로 큰 꿈을 꾸시기 바랍니다. 그래야지 꼭 이룰 수 있습니다.

정재승 열정을 다해서 좋은 강연을 해주셔서 진심으로 감사드립니다. 너무 애쓰셨습니다.

조진원의 정규 앨범
〈아빠의 노래는 별이 되어〉(2015)

상상초월 **석학강연 03**

달콤한 생명과학

1판 1쇄 2015년 6월 22일
1판 3쇄 2019년 10월 16일

지은이 조진원
기획 정재승
펴낸이 김정순
편집 허영수 김소희 호미선
디자인 김수진 김진영 이혜령
일러스트 윤성중 전수교
강연 진행 KT&G 상상마당 양미숙 김수진
강연 사진 KT&G 상상마당
마케팅 김보미 임정진

펴낸곳 (주)북하우스 퍼블리셔스
출판등록 1997년 9월 23일 제406-2003-055호
주소 04043 서울시 마포구 양화로 12길 16-9 (서교동 북앤빌딩)

전자우편 henamu@hotmail.com
홈페이지 www.bookhouse.co.kr
전화번호 02-3144-3123
팩스 02-3144-3121

ISBN 978-89-5605-191-8 04400
978-89-5605-169-7 (세트)

이 도서의 국립중앙도서관 출판시도서목록(CIP)은 서지정보유통지원시스템 홈페이지(http://seoji.nl.go.kr)와 국가자료공동목록시스템(http://www.nl.go.kr/kolisnet)에서 이용하실 수 있습니다.(CIP제어번호 : CIP2015015252)